农产品加工技术汇编系列丛书

果蔬加工技术

王希卓　主编

中国农业科学技术出版社

图书在版编目（CIP）数据

果蔬加工技术／王希卓主编．—北京：中国农业科学技术出版社，2016.12
ISBN 978－7－5116－2855－8

Ⅰ.①果…　Ⅱ.①王…　Ⅲ.①果蔬加工　Ⅳ.①TS255.3

中国版本图书馆 CIP 数据核字（2016）第 284800 号

责任编辑　张孝安
责任校对　马广洋
出 版 者　中国农业科学技术出版社
　　　　　北京市中关村南大街 12 号　邮编：100081
电　　话　(010)82109708(编辑室)　(010)82109702(发行部)
　　　　　(010)82109709(读者服务部)
传　　真　(010)82106650
网　　址　http://www.castp.cn
经 销 者　各地新华书店
印 刷 者　北京富泰印刷有限责任公司
开　　本　710mm×1000mm　1/16
印　　张　9
字　　数　180 千字
版　　次　2016 年 12 月第 1 版　2016 年 12 月第 1 次印刷
定　　价　38.00 元

版权所有・翻印必究

农产品加工技术汇编系列丛书

编 委 会

主　　任：宗锦耀

副 主 任：朱　明　潘利兵　马洪涛

委　　员（按姓氏拼音排序）：

蔡学斌　陈海军　程勤阳　姜　倩　梁　漪

刘　清　刘晓军　路玉彬　沈　瑾　王　杕

果蔬加工技术

主　　编：王希卓

副 主 编：孙　洁　杨　琴

参编人员（按姓氏拼音排序）：

陈　全　程　方　高逢敬　郭淑珍

庞中伟　孙海亭　孙　静　张　凯

前　言

PREFACE

农产品加工业是农业现代化的重要标志和国民经济战略性支柱产业。大力发展农产品加工业，对于推动农业供给侧结构性改革和农村一二三产业融合发展，促进农业现代化和农民持续增收，提高人民生活质量和水平具有十分重要的意义。

农产品加工是指以农业生产中的植物性产品和动物性产品为原料，通过一定的工程技术处理，使其改变外观形态或内在属性的物理及其化学过程，按加工深度可分为初加工和精深加工。初加工一般不涉及农产品内在成分变化，主要包括分选分级、清洗、预冷、保鲜、贮藏等作业环节；精深加工指对农产品二次以上的加工，使农产品发生化学变化，主要包括搅拌、蒸煮、提取、发酵等作业环节。积极研发、推广先进适用的农产品加工技术，有利于充分利用各类农产品资源，提高农产品附加值，生产开发能够满足人民群众多种需要的各类加工产品，是实施创新驱动发展战略，促进农产品加工业转型升级发展的重要举措。

近年来，我国农产品加工业在创新能力建设、技术装备研发和人才队伍培养等方面均取得了长足进步，解决了农产品加工领域的部分关键共性技术难题，开发了一批拥有自主知识产权的新技术、新工艺、新产品、新材料和新装备。为加强农产品加工新技术、新装备的推广和普及，农业部农产品加工局委托农业部规划设计研究院的专家学者，以近年来征集的大专院校、科研院所及相关企业的农产品加工技术成果为基础，组织编写了

农产品加工技术汇编系列丛书。该系列丛书共有四册，分别是《粮油加工技术》《果蔬加工技术》《肉类加工技术》和《特色农产品及水产品加工技术》，筛选了一批应用性强、具有一定投资价值、可直接转化的农产品加工实用技术成果进行重点推介，包括技术简介、主要技术指标、市场前景及经济效益等方面的内容，为中小加工企业、专业合作社、家庭农场等各类经营主体投资决策提供参考。我们由衷期待，这套丛书能够为加快我国农产品加工新技术、新装备的推广应用，促进农产品加工业转型升级发展，带动农民致富增收发挥积极有效的作用。

由于编者水平有限，书中难免出现疏漏和不妥之处，敬请读者批评指正。

编　者

2016 年 10 月

目 录
CONTENTS

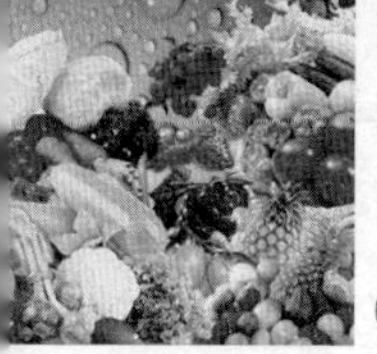

1　果蔬加工业发展现状及趋势

1.1　果蔬原料及生产情况

2014 年 1—12 月，全国水果产量为 26 142.24 万 t，同比增长 4.18%，增速比 2013 年同期增速回落了 0.13 个百分点，比 2012 年同期增速回落了 1.48 个百分点。其中，园林水果产量 16 588.2 万 t，同比增长 5.2%；瓜果产量 9 554.0万 t，同比增长 2.5%。按水果种类看，2014 年香蕉产量1 179.19万 t，同比下降 2.35%，占水果总产量的 4.51%；苹果产量4 092.32万 t，柑橘产量 3 492.66 万 t，梨产量 1 796.44 万 t，分别同比增长 3.13%、5.17% 和 3.84%，分别占水果总产量的 15.65%、13.36% 和 6.87%。全国蔬菜产量为 76 005.48 万 t，同比增长 3.39%，增速比 2013 年同期增速回落了 0.32 个百分点，比 2012 年同期增速回落了 0.96 个百分点。

1.2　果蔬加工业发展现状

近年来，我国的果蔬加工业取得了巨大的成就，果蔬加工业在我国农产品贸易中占据了重要地位。目前，我国果蔬加工业已具备了一定的技术水平和较大的生产规模，外向型果蔬加工业布局已基本形成。

1.2.1　果蔬种植已形成优势产业带

目前，我国果蔬产品的出口基地大都集中在东部沿海地区，近年来正向着中西部扩展，“产业西移转”态势十分明显。我国的脱水果蔬加工业主要分布在东南沿海省份及宁夏回族自治区、甘肃省等西北地区，而果蔬罐头、速冻果蔬的加工主要分布在东南沿海地区。在浓缩汁、浓缩浆和果浆

加工方面，我国的浓缩苹果汁、番茄酱、浓缩菠萝汁和桃浆的加工占有非常明显的优势，形成非常明显的浓缩果蔬加工带，建立了以环渤海地区（山东省、辽宁省、河北省）和西北黄土高原（陕西省、山西省、河南省）两大浓缩苹果汁加工基地；以西北地区（新疆维吾尔自治区、宁夏回族自治区、内蒙古自治区）为主的番茄酱加工基地和以华北地区为主的桃浆加工基地；以热带地区（海南省、云南省）为主的热带水果（菠萝、芒果、香蕉）浓缩汁与浓缩浆加工基地。而直饮型果蔬及其饮料加工则形成了以北京市、上海市、浙江省、天津市和广州市等省市为主的加工基地。

1.2.2 装备水平明显提高

果蔬汁加工领域，高效榨汁技术、高温短时杀菌技术、无菌包装技术、酶液化与澄清技术、膜技术等在生产中得到了广泛应用。果蔬加工装备，如苹果浓缩汁和番茄酱的加工设备基本上是从国外引进的最先进的设备。

（1）在直饮型果蔬汁的加工方面，我国的大企业集成了国际上最先进的技术装备，如从瑞士、德国、意大利等著名的专业设备生产商，引进利乐、康美包、PET 瓶无菌灌装等生产线，具备了国际先进水平。

（2）果蔬罐头领域，低温连续杀菌技术和连续化去囊衣技术在酸性罐头（如橘子罐头）中得到了广泛应用；引进了电脑控制的新型杀菌技术，如板栗小包装罐头产品；包装 EVOH 材料已经应用于罐头生产；纯乳酸菌的接种使泡菜的传统生产工艺发生了变革，推动了泡菜工业的发展。

（3）脱水果蔬领域，尽管常压热风干燥是蔬菜脱水最常用的方法，但是我国能打入国际市场的高档脱水蔬菜大都采用真空冻干技术生产。另外，微波干燥和远红外干燥技术也在少数企业中得到应用。我国研制的真空冻干技术设备取得了可喜的进步，一些国内知名冻干设备生产厂家的技术水平已达到 20 世纪 90 年代国际同类产品的先进水平。

（4）速冻果蔬领域，我国的果蔬速冻工艺技术有了许多重大发展。首先是速冻果蔬的形式由整体的大包装转向经过加工鲜切处理后的小包装；其次是冻结方式，开始广泛应用以空气为介质的吹风式冻结装置、管架冻

结装置、可连续生产的冻结装置和流态化冻结装置等，使冻结的温度更加均匀，生产效益更高；第三是作为冷源的制冷装置也有新的突破，如利用液态氮、液态二氧化碳等直接喷洒冻结，使冻结的温度显著降低，冻结速度大幅度提高，速冻蔬菜的质量全面提升。在速冻设备方面，我国已开发出螺旋式速冻机、流态化速冻机等设备，满足了国内速冻行业的部分需求。在果蔬物流领域，主要果蔬，如苹果、梨、柑橘、葡萄、番茄、青椒、蒜薹、大白菜等贮藏保鲜及流通技术的研究与应用方面基本成熟，MAP（气调包装）技术、CA（资质认证）技术等已在我国主要果蔬贮运保鲜业中得到广泛应用。

1.2.3 国际市场优势日益明显

1.2.3.1 蔬菜加工业进出口情况

2014 年，我国包括冷冻及暂时保藏的蔬菜、干制蔬菜在内的蔬菜加工业进出口总量为 136.39 万 t，占果蔬加工业进出口总量的 24.53%，与去年同期基本持平；累计进出口金额 36.50 亿美元，占果蔬加工业累计进出口总额的 26.60%，同比增长 4.67%。其中，出口数量为 134.26 万 t，同比下降 0.23%，出口金额为 36.13 亿美元，同比增长 4.68%；进口数量为 2.13 万 t，同比下降 3.09%，进口金额为 3 652.60 万美元，同比增长 3.27%。在蔬菜制品进出口中，冷冻及暂时保藏的蔬菜制品进出口数量较多，占蔬菜加工进出口总量的 76.01%；干制蔬菜的进出口额占比较大，占蔬菜加工进出口总额的 66.90%。

1.2.3.2 水果及坚果加工业进出口情况

2014 年 1—12 月，全国包括冷冻及暂时保藏的水果和坚果、干果及坚果在内的水果及坚果加工业进出口总量为 84.47 万 t，占果蔬加工业进出口总量的 15.19%，同比增长 1.72%；累计进出口金额 21.58 亿美元，占果蔬加工业累计进出口总额的 15.73%，同比增长 4.99%。其中，出口数量为 62.95 万 t，同比下降 5.98%；出口金额为 17.22 亿美元，同比增长

2.86%；进口数量为21.52万t，同比增长33.81%；进口金额为4.36亿美元，同比增长14.35%。可以看出，水果及坚果加工业的进口数量和金额都较去年有较快增长，且进口数在整个果蔬加工业进口总数量中的占比超40%。在水果及坚果加工业进出口中，以干果及坚果为主，其进出口数量和金额分别占水果及坚果加工业进出口量额的75.39%和80.74%；且进口数量和金额的增长率均高于水果及坚果加工业，分别比去年同期增长42.75%和20.94%。

1.2.3.3 果蔬汁行业进出口情况

2014年1—12月，全国果蔬汁行业进出口总量为66.11万t，占果蔬加工业进出口总量的11.89%，同比下降16.88%；累计进出口金额10.46亿美元，占果蔬加工业累计进出口总额的7.62%，同比下降18.39%。其中，出口数量为54.09万t，出口金额为7.78亿美元，分别比2013年同期下降20.73%和25.49%；进口数量为12.01万t，进口金额为2.68亿美元，分别比2013年同期增长6.17%和12.73%。可以看出，果蔬汁行业的进口量额均较去年有所增长，而出口量额下降明显，降幅均在20%以上。在果蔬汁制造业进出口中，水果汁的进出口比重较大，且出口降幅超过果蔬汁行业出口降幅，与此相反，蔬菜汁的出口量额均有大幅增长。其中，水果汁出口数量及金额分别同比下降21.76%和26.6%；蔬菜汁出口数量及金额分别同比增长28.07%和13.71%。

1.2.3.4 葡萄酒行业进出口情况

2014年1—12月，全国葡萄酒行业进出口总量为3.89万t，同比增长2.51%；累计进出口金额16.55亿美元，同比增长3.57%。其中，出口数量为397.01t，出口金额为1.33亿美元，分别比2013年同期增长70.55%和236.57%；进口数量为3.85万t，进口金额为15.22亿美元。可以看出，葡萄酒行业的出口比重较小，进口比重较大，说明我国葡萄酒行业在国际市场上的竞争力还较弱。另一方面，葡萄酒的出口数量和金额均有大幅增长，出口金额甚至增长2倍以上，说明我国葡萄酒厂商在积极扩展海外市场。

1.2.4 标准体系初步形成

我国已在果蔬汁产品标准方面制定了近60个国家标准与行业标准（农业行业、轻工行业和商业行业），这些标准的制定以及GMP与HACCP的实施，为果蔬汁产品提供了质量保障；在果蔬罐头方面，已经制定了83个果蔬罐头产品标准，而对于出口罐头企业则强制性规定必须进行HACCP认证，从而有效地保证了我国果蔬罐头产品的质量；在脱水蔬菜方面，我国已制定《无公害食品脱水蔬菜》等标准，以保证脱水蔬菜产品的安全卫生；在速冻果蔬方面，我国已制定了一批速冻食品技术与产品标准，包括速冻食品技术规程，无公害食品速冻葱蒜类蔬菜、豆类蔬菜、甘蓝类、瓜类蔬菜及绿叶类蔬菜标准，并正在大力推行市场准入制；在果蔬物流方面，与蔬菜有关的标准目前已制定了269项，其中蔬菜产品标准53项，农药残留标准52项，有关贮运技术的标准10项。

1.3 果蔬加工技术现状及趋势

近年来，我国的果蔬加工业取得了巨大的成就，在我国农产品贸易中占据重要地位。目前，果蔬加工业在传统的果蔬罐头、果蔬干制及腌制基础上，果蔬加工的新技术、新装备及新材料不断涌现，加快了果蔬加工产业的发展。这些新技术主要包括以下几个方面。

1.3.1 果蔬加工技术现状

1.3.1.1 无损检测分级技术

该技术是20世纪70年代初期在遥感图片和生物医学图片分析技术取得显著成果后发展起来的一种新技术，利用代替人眼的图像传感器获取物体的图像，然后将图像转化成一个数据阵，再利用一台代替人脑的计算机来分析图像，最后完成一个与视觉有关的任务。目前，无损检测分级技术有近红外糖酸度分析法、力学成熟度分析法、可见光成熟度分析法、激光

分析法、X 射线分析法等，可对梨、苹果等农产品表面缺陷和损伤进行检测，另外，还可根据大小、形状和颜色对黄瓜、马铃薯、苹果、玉米和辣椒等果蔬进行自动分级。

1.3.1.2 膜分离技术

膜分离技术是一种仿生技术，它是利用天然或人工合成的高分子薄膜，以外界能量或化学位差为推动力，对双组分或多组分的溶质和溶剂进行分离、分级、提纯和富集的方法。膜分离技术与传统过滤的不同之处在于，膜可以在分子范围内进行分离，并且这是一个物理过程，不需发生相的变化和添加助剂，产品不受污染，选择性好，处理规模可大可小，可连续也可间歇进行，膜组件可单独使用也可联合使用，工艺简单，操作简便，容易实现自动化操作，并且在常温下进行，挥发性成分（如芳香物质）损失极少，可保持原有的芳香；膜分离过程在密闭的系统中进行，被分离原料无色素分解和褐变反应。因此，膜分离技术在果蔬产业中得到快速发展。

1.3.1.3 真空冷冻干燥技术

真空冷冻干燥技术是将湿物料或溶液在较低的温度下冻结成固态，然后在真空下使水分不经液态直接升华成气态，最终使物料脱水的干燥技术。与其他干燥方法相比，真空冷冻干燥在低温、低压下进行，而且水分直接升华，物料的物理结构和分子结构变化极小，其组织结构和外观形态能被较好地保存。同时，在真空冷冻干燥过程中，物料不存在表面硬化问题，且其内部形成多孔的海绵状，因而具有优异的复水性，可在短时间内恢复干燥前的状态。并且干燥过程是在很低的温度下进行，基本隔绝了空气，因此有效地保存了原料中的活性物质，保持了原料的色泽及营养物质。

1.3.1.4 超临界萃取技术

该技术主要应用于果蔬功能性物质、色素的提取以及果蔬资源的综合利用方面。超临界流体萃取技术是利用高于临界温度和临界压力的流体具有气体和液体的双重性，黏度与气体、密度与液体相近，但其扩散系数却

比液体大得多，它是一项通过分子间的相互作用和扩散作用将许多物质溶解的新型分离技术。超临界流体萃取技术因其使用安全、操作方便、节约能源、分离效率高，可防止萃取物热劣化，并起到抗氧化和净菌作用，在20世纪70年代以后获得了迅速发展。

1.3.1.5 膨化技术

膨化技术是利用相变和气体的热压效应原理，使被加工物料内部的液体迅速升温汽化、增压膨胀，并依靠气体的膨胀力，带动组分中高分子物质的结构变性，从而使之成为具有网状组织结构特征、定型的多孔状物质技术。该技术生产的食品具有味道鲜美、口感酥脆、易于被人体消化吸收等优点。膨化果蔬被国际食品界誉为“二十一世纪食品”，是继传统果蔬干燥产品、真空冷冻干燥产品、真空低温油炸果蔬脆片之后的新一代果蔬干燥产品。

1.3.1.6 微波技术

微波是一种频率在300～300 000 MHz的电磁波，具有极强的穿透性，可使物料内外同时受热，从而使温度迅速上升，而且干燥后的物料能基本保持原有形状。微波技术具有加热速度快、加热均匀性好、加热易控制、选择吸收性强及加热效率高等优点，被广泛应用于食品行业。

1.3.1.7 微胶囊造粒技术

微胶囊造粒技术主要利用喷雾干燥法、喷雾冷却与喷雾冷冻法、空气悬浮法、包接络合法及界面聚合法等方法，使固体、液体或气体物质包埋（或封）存在一种微型胶囊内，使之与外界环境隔绝，最大限度地保持原有的色香味、性能和生物活性，防止营养物质的破坏和损失。

1.3.1.8 生物技术

生物技术主要有酶技术与基因技术。酶技术除应用于果蔬汁饮料的澄清，还应用于处理果蔬表面及内部的组织特性，如柑橘的去皮、去苦及保持桃子的硬度等。基因技术主要应用于延长果蔬的贮藏期，改善果蔬的

品质。

1.3.1.9 超微粉碎技术

该技术是将3mm以上的物料粉碎到10~25μm的技术。超微粉碎技术使物料具有良好的分散性、吸附性、溶解性和生物活性。

1.3.1.10 分子蒸馏技术

分子蒸馏技术是一种新型的液—液分离或精制技术，它是利用混合物组分中不同分子运动的平均自由程的差异不同而进行分离的。其特征是蒸发面与冷凝面之间的距离小于被分离物料分子的平均自由程，根据被分离物质各组分的分子量不同与分子平均自由程的差别进行分离。分子蒸馏技术，作为一种对高沸点、热敏性物料进行有效分离的手段，自20世纪30年代出现以来，受到了世界各国的重视；到20世纪60年代，为生产浓缩鱼肝油中维生素A的需要，分子蒸馏技术得到了规模化的工业应用。

1.3.2 果蔬加工新趋势

目前，国内外果蔬加工趋势主要有功能型果蔬制品、鲜切果蔬、脱水果蔬、谷—菜复合食品、果蔬功能成分的提取、果蔬汁的加工、果蔬综合利用等。

1.3.2.1 功能型果蔬制品

比较有代表性的功能型果蔬制品有复合保健浆果粉、营养酸橙粉、干燥李子酱、果蔬提取物补充剂、天然番茄复合物、水果低热量甜味料等。

1.3.2.2 鲜切果蔬

鲜切果蔬又称为果蔬最少加工，它是指新鲜蔬菜和水果原料经清洗、修整、鲜切等工序后用塑料薄膜袋或以塑料托盘盛装并外覆塑料膜包装，供消费者立即食用的一种新型果蔬加工产品。

1.3.2.3 果蔬综合利用

果蔬深加工已成为国内外果蔬加工的发展趋势，在实际的果蔬深加工

过程中，往往有大量废弃物产生，如风落果、不合格果，以及大量的下脚料，如果皮、果核、种子、叶、茎、花、根等，这些废弃物中含有较为丰富的营养成分，对这些废弃物加以利用称为果蔬综合利用。在新西兰，猕猴桃皮可以提取蛋白分解酶，用于防止啤酒冷却时浑浊，还可以作为肉质激化剂，在医药方面作为消化剂和酶制剂，果蔬的综合利用已成为国际果蔬加工业的新热点。

2　水果加工实用技术与装备

2.1　浆果类水果加工技术与装备

2.1.1　番木瓜产热处理保鲜轻简设施与配套技术

2.1.1.1　技术简介

该技术具有物理保鲜效果好、食品安全、投资少、技术成熟等特点。技术方案如下。

（1）选择适当的采收成熟度。

（2）无伤采收。

（3）采收后在产地进行热处理保鲜、风干。

（4）分级与包装。

（5）控制成熟的技术。

（6）常温或冷链物流技术运往销地。

2.1.1.2　主要技术指标

每天可保鲜加工处理番木瓜 5 万 kg；减少采后损失 20% ~30%；延长保鲜时间 2 倍以上；增加番木瓜商品附加值 20% ~30%。

2.1.1.3　投资规模

投资 15 万元，需有番木瓜采后处理和小型生产线、热处理保鲜装置及简易的加工包装间。

2.1.1.4　市场前景及经济效益

现已在海南省等我国的番木瓜主产区推广示范，取得了显著的经济效益，可减少采后损失20%～30%和增加番木瓜商品附加值20%～30%，对促进番木瓜的产地加工和商品流通发挥了重要作用。

2.1.1.5 联系方式

联系单位：华南农业大学园艺学院

通信地址：广东省广州市天河区五山路483号

联系电话：020-85280228

电子信箱：lxp88@scau.edu.cn

2.1.2 香蕉产地初加工保鲜处理轻简设施与配套技术

2.1.2.1 技术简介

该技术具有保鲜效果好、投资少、节能、易操作技术成熟、可装拆移动方便等特点，适合在不同的香蕉园田头处理包装。技术方案如下：

（1）选择适当的采收成熟度（饱满度）。

（2）无伤采收。

（3）采收后在田头进行采后保鲜处理、风干。

（4）分级与包装。

（5）控制乙烯技术（高效乙烯吸收剂、乙烯受体抑制剂）。

（6）常温或冷链物流技术运往销地。

2.1.2.2 主要技术指标

每天可保鲜加工处理香蕉3万kg，可减少采后损失20%～30%，延长保鲜时间2倍，增加香蕉商品附加值20%～30%。

2.1.2.3 投资规模

投资5万元，需要可装拆的香蕉采后保鲜处理包装厂房。

2.1.2.4 市场前景及经济效益

已在海南省、云南省等我国的香蕉主产区推广示范，取得了显著的经济效益，可减少采后损失20%～30%和增加香蕉商品附加值20%～30%，对促进香蕉的产地加工和商品流通发挥了重要作用。

2.1.2.5 联系方式

联系单位：华南农业大学园艺学院

通信地址：广东省广州市天河区五山路 483 号

联系电话：020－85280228

电子信箱：wxchen@ scau. edu. cn

2.1.3 菠萝酶分离提取技术研究—亲和吸附协同超滤浓缩法

2.1.3.1 技术简介

项目研发了新的生产工艺，使菠萝酶和菠萝汁可以协调生产，解决了菠萝酶企业的原料问题和菠萝汁企业的成本问题，具有很好的应用前景。主要内容包括：①建立菠萝酶提取的前处理工作及菠萝汁的回收利用生产线。②建立高活性菠萝酶提取生产线。

2.1.3.2 主要技术指标

实现菠萝酶企业和菠萝果汁厂的协同生产，菠萝果榨汁后，先进行提酶生产，然后果汁回用。产品性能指标：达到或超过 DB44/T498-2008，要求：酶活力≥150 万 U/g，水分≤8.0%，灰分≤5.0%，铅≤1.0mg/kg，砷≤0.5mg/kg。同时，回收的菠萝汁符合 NY/T873-2004 的要求。

2.1.3.3 投资规模

造价 900 万元，流动资金投入 300 万元。需要 300m^{2}以上厂房，配备生产型离心设备，超滤系统，冷冻干燥系统，冷库等，以及完善的水电装置和通风设备。

2.1.3.4 市场前景及经济效益

项目形成的技术通过了农业部组织的科技成果鉴定，得到了科技部农业科技成果转化项目的支持，填补了国内空白，解决了生产中的实际问题，

尤其是保障了菠萝酶企业的正常运行，具有良好的市场前景。

2.1.3.5 联系方式

联系单位：中国热带农业科学院农产品加工研究所

通信地址：广东省湛江市霞山区人民大道南48号

联系电话：0759－2224909

电子信箱：49031788@qq.com

2.1.4 山葡萄冰酒酿造工艺技术

2.1.4.1 技术简介

山葡萄成熟后延迟采摘，果实自然结冰后，在结冰状态下压榨，葡萄汁糖度控制在360～380g/L，初步澄清后进行酒精发酵，酒精度控制在11～12度，终止发酵，澄清、陈酿后饮用。产品香气浓郁（以蜜香为主），颜色深宝石红色，酒体完整、丰满，口感甜而不腻。

2.1.4.2 主要技术指标

山葡萄冰酒出汁率大约占鲜果的10%。

2.1.4.3 投资规模

酒精发酵罐温度可控，需要小型冷库。

2.1.4.4 市场前景及经济效益

目前正在吉林省清木园山葡萄技术开发有限公司进行推广试验。原酒15万～20万/t，装瓶后150～200元/瓶（375ml）。

2.1.4.5 联系方式

联系单位：吉林省柳河县长白山山葡萄开发科技创新中心

通信地址：吉林省柳河县

联系电话：0435－6940288

电子信箱：nanhailongok@163.com

2.1.5 猕猴桃贮藏保鲜技术

2.1.5.1 技术简介

猕猴桃机械冷库贮藏保鲜采取以下 15 个操作工序。

冷库准备→选择耐贮品种→确定采收期→采前处理→采收→短途运输→预冷→挑选、分级、包装→入库→贮期管理→确定贮藏期限→出库→长途运输→货架期管理→食前催熟。

2.1.5.2 主要技术指标

贮后果实品质：①平均果实硬度≥1.5kg/cm^2，硬果率≥93%，商品果率≥96%，维生素 C 保存率≥80%，鲜度指数≥90%；②贮后果实感官标准：外观新鲜，果脐鲜绿，色、香、味、形均好。③贮藏天数：机械冷库可贮藏秦美 150d 左右，贮藏海沃德 180d 左右；气调贮藏秦美 180d 左右，贮藏海沃德 200d 左右。获国家专利 1 项。

2.1.5.3 投资规模

建 1 000t 冷库 60 万元，贮藏费用每千克 0.8 元（冷库费 0.2 元，运费 0.1 元，包装费 0.2 元，人工费 0.1 元，保鲜剂 0.2 元）。规模可根据设计需求确定。

2.1.5.4 市场前景及经济效益

在陕西周至县示范应用该技术贮藏猕猴桃 895t，利润 654.1 万元。

2.1.5.5 联系方式

联系单位：陕西师范大学

通信地址：陕西省西安市长安南路 199 号

联系电话：029－85308114

电子信箱：youlinzh@ snnu. edu. cn

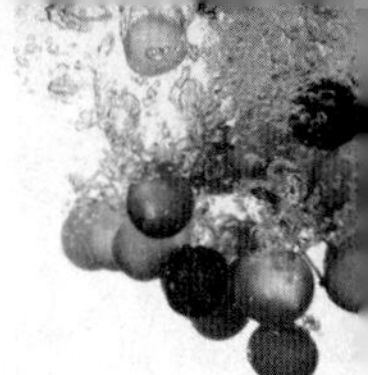

2.1.6 桑果原汁饮料加工关键技术

2.1.6.1 技术简介

本技术以桑葚为原料加工成桑果原汁饮料，针对桑果汁在加工过程中存在花色苷稳定性差、营养易损失、风味物质降解等品质劣变问题，通过物理调控新技术提高花色苷的稳定性，改善果汁产品的品质，应用现代果汁饮料生产技术冷打浆、酶处理、榨汁、澄清过滤、均质和冷杀菌等，生产出集天然、营养、保健于一体的果汁饮料，不仅可以充分利用蚕桑资源，提高蚕桑业的经济效益，又可丰富果汁饮料品种、繁荣饮料市场，为蚕桑业的进一步开发利用提供了一条新的途径。

2.1.6.2 主要技术指标

①为了最大限度地保持桑果风味及营养成分，采用冷打浆技术直接用筛孔直径为0.4～0.5mm 的打浆机进行冷打浆。在操作过程中不要打碎种子，以免影响果汁风味。打浆同时，连续添加适量的浓度为0.1% 维生素 C 和0.1% 柠檬酸混合溶液进行护色。②在榨汁前进行酶处理。在果浆中加入果胶酶并加热，温度保持40～42℃，酶处理时间为2～4h，果胶酶的用量为果浆重的0.05%。③采用均质、脱气技术可以改善口感，提高感观质量。在压力为18～20MPa 下均质后，在真空度为0.075MPa 下脱气，温度40～50℃。④采用冷杀菌技术对果汁进行灭菌。利用超高压处理新鲜果汁，不仅使果汁中的微生物得到有效的杀灭，同时使果汁中的营养成分，特别是热敏性的营养成分和易挥发的香气成分得到很好的保留，而且果汁中的酶也得到很好的控制，有利于防止新鲜果汁发生酶促褐变。⑤采用无菌灌装技术对桑果原汁饮料进行灌装。在无菌条件下，将果汁饮料灌装于玻璃瓶中，然后进行装箱、入库工序。玻璃瓶在灌装前要进行相应的灭菌，瓶盖采用75% 的酒精杀菌。

2.1.6.3 投资规模

造价33 万元，包括设备仪器购置费15 万元，厂房建设费8 万元，土地

使用费 10 万元。流动资产投资 15 万元，包括原料费 5 万元，辅助材料费 5 万元，人工费 5 万元。该技术需要厂房面积 500m^2，100m^3 的冷库 1 个，生产车间 1 个，具有榨汁机、均质机、高压灭菌器、过滤器、包装机等设备。

2.1.6.4　市场前景及经济效益

项目实施后进行推广，可以对丰富的资源充分利用，开发出桑椹深加工产品进行产业化开发。对丰富和优化农林产业结构，延长桑椹产业链，提高其抗风险能力，为广大果农增收，提高农村经济，对解决“三农”问题有积极作用，对依托蚕桑资源，发展特色经济意义重大。

2.1.6.5　联系方式

联系单位：广西农业科学院农产品加工研究所

通信地址：广西壮族自治区南宁市大学东路 174 号

联系电话：0771－3240232

电子信箱：lili@ gxaas. net

2.1.7　荔枝龙眼剥壳去核打浆成套设备

2.1.7.1　技术简介

该设备采用模仿人手的柔性仿真技术对荔枝龙眼进行机械剥壳，采用独特的锯齿形刮板进行荔枝龙眼的去核打浆，剥壳去核效率为人工的1 000多倍，剥壳可靠度高；剥壳与去核打浆工序分开进行，能有效防止果皮对果浆汁的影响；打浆机采用独特的锯齿形刮板，打浆过程果核破损少，脱核干净，适用于荔枝龙眼深加工中剥壳去核打浆。该设备设计具有重大的创新性、先进性和实用性，解决了荔枝龙眼深加工的关键技术，填补了国内空白。

2.1.7.2　主要技术指标

处理量分别为 1t/h、3t/h 和 6t/h 三种规格的系列成套设备，同时适用荔枝龙眼深加工，其剥壳率和去核率都在 95% 以上。

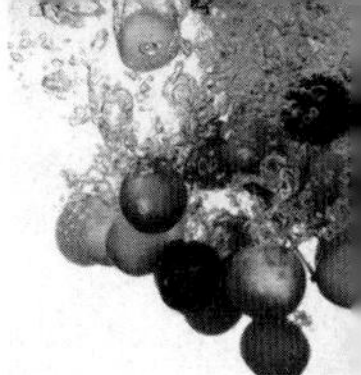

2.1.7.3 投资规模

1t/h 成套设备造价 30 万元，3t/h 成套设备造价 50 万元；需要流动资产投资 100 万～200 万元。该技术装备需要厂房 200～300m^2。该技术设备加工的产品为荔枝或龙眼肉浆，根据需要配套相应的果汁或果酒后续加工设备。

2.1.7.4 市场前景及经济效益

已在广东省、广西壮族自治区和福建省等省区推广应用 30 多条荔枝龙眼剥壳去核打浆生产线，用于生产果汁果酒，并有 11 套出口到印度、巴西和马达加斯加等 6 个国家。据不完全统计，该成果推广后，荔枝龙眼加工企业年新增加工荔枝 4 万多 t，龙眼 1 万多 t，创造产值近 8 亿元，利税 4 亿多元，成果市场前景显著。

2.1.7.5 联系方式

联系单位：广东省现代农业装备研究所

通信地址：广东省广州市天河区五山路 261 号

联系电话：020－38481399

电子信箱：zlq@ gddrying. com

2.1.8 南香果汁酶解增香技术

2.1.8.1 技术简介

在果汁灭菌后罐装前的加热装置的果汁罐中加入葡萄糖苷酶进行酶解增香，然后灭酶过滤后罐装。产品香气较温和，气味较接近原果汁香味，而且节省成本且绿色环保。

2.1.8.2 主要技术指标

产量 100 万 t，酶用量 8.5U/g。酶增香每 100t 果汁需 1.4 万元，比在果汁中加入香精要节省 7 万元/t。

2.1.8.3 投资规模

购酶资金约140元/t，若产量100t/d，则每月需增加30万~50万元的流动资金。不需要另建厂房，只要在果汁加工过程中，即在果汁灭菌后罐装前多增加一个有加热装置的果汁罐酶解罐即可。预计150万元。

2.1.8.4 市场前景及经济效益

本项目属于节能低耗绿色项目。酶增香每100t果汁需1.4万元，香气较温和，气味较接近原果汁香味。

2.1.8.5 联系方式

联系单位：浙江农林大学农业与食品科学学院

通信地址：浙江省临安市环路北路88号

联系电话：0571-63741276

2.1.9 苦瓜深加工技术

2.1.9.1 技术简介

以华南地区量大面广并具有食疗保健作用的特色蔬菜苦瓜为原料，采用真空浸提、真空浓缩、柱层析等技术手段制备苦瓜活性成分提取物；采用化学分离方法和色谱纯化手段对苦瓜活性成分提取物进一步分离纯化，并通过功能评价实验确定功效成分的量效关系；将新鲜苦瓜原料与活性物质提取物结合起来加工苦瓜新产品，有利于苦瓜风味的保留和活性物质含量的保证；采用酶降解取汁、真空浓缩、微波灭菌等温和的加工条件生产苦瓜深加工新产品，同时添加适量的辅料，以保持功效成分较高的稳定性。

2.1.9.2 主要技术指标

采用真空浸提、真空浓缩、柱层析等技术手段制备苦瓜活性成分提取物；利用苦瓜活性物质开发苦瓜降糖颗粒冲剂和苦瓜凉茶饮料，通过原辅材料配比、赋形剂的筛选以及采用适当的工艺参数实现产品的稳定化。

2.1.9.3 投资规模

投资 500 万元。需配有活性物质提取生产线、饮料和固体饮料生产线。

2.1.9.4 市场前景及经济效益

苦瓜活性物质既可作为中间原料为企业自用，也可作为功能食品基料及医药工业原料投放市场，苦瓜降糖颗粒冲剂和苦瓜凉茶饮料则作为终端成品投放食品市场，产品层次多样，市场开发前景看好。

2.1.9.5 联系方式

联系单位：广东省农业科学院蚕业与农产品加工研究所

通信地址：广东省广州市天河区东莞庄一横路 133 号

联系电话：020－37227035

电子信箱：zhencheng_ wei@ 163. com

2.1.10 桑椹花青素降血脂保健食品生产技术

2.1.10.1 技术简介

产品以富含花青素的成熟桑椹为主要原料，通过提取纯化等技术，富集桑椹花青素和其它酚类物质，产品具有抗氧化、降血脂等功能。

2.1.10.2 主要技术指标

根据产品市场需求，规模可大可小。产品总花青素含量（以矢车菊素-3-葡萄糖苷计）大于 5%。

2.1.10.3 投资规模

投资 200 万元（不含基建），流动资产 500 万元以上。需要花青素提取纯化设备，混合设备，胶囊填充/压片设备，包装设备等。

2.1.10.4 市场前景及经济效益

本技术已成功授权专利，专利名称“一种富含花青素功能食品的制法”，专利号 200810220102.9。目前已进行推广，市场前景看好。

2.1.10.5　联系方式

联系单位：广东省农业科学院蚕业与农产品加工研究所

通信地址：广东省广州市天河区东莞庄一横路133号

联系电话：020-37219162

电子信箱：xuemingliu@21cn.com

2.1.11　高酸乌梅肉粉生产技术

2.1.11.1　技术简介

以乌梅为主要原料，采用成分分离与浓缩技术，充分提取乌梅有机酸及果肉，减少果核等杂质的影响，产品有机酸含量比全乌梅粉提高1倍以上。

2.1.11.2　主要技术指标

根据产品市场需求，规模可大可小。产品有机酸含量比全乌梅粉提高1倍以上。

2.1.11.3　投资规模

投资100万元（不含基建），流动资产200万元以上。需要植物生物活性物质提取纯化设备、干燥设备、粉碎设备、包装设备以及配套制水等配套设施。

2.1.11.4　市场前景及经济效益

本技术已成功授权专利，专利名称“一种高酸乌梅肉粉的生产方法”，申请号（201310004923.X）。目前已进行推广，市场前景看好。

2.1.11.5　联系方式

联系单位：广东省农业科学院蚕业与农产品加工研究所

通信地址：广东省广州市天河区东莞庄一横路133号

联系电话：020-37219162

电子信箱：xuemingliu@21cn.com

2.1.12 蓝莓多酚制粉制备关键技术

2.1.12.1 技术简介

本技术通过超声提取及喷雾干燥技术，可生产出溶解性，多酚含量达到30%～40%的粉状蓝莓多酚产品，具有颜色鲜亮，口感酸甜，含有抗氧化等保健成分，在常温下保质期可延长到2年左右。

2.1.12.2 主要技术指标

项目总投资350万元，建立1套日产0.2～0.5t的蓝莓多酚生产线，实现年销售收入400万～1 000万元。

2.1.12.3 投资规模

该项目每套生产成本约200万元，需要流动资金约100万元。机械设施需要的厂房约1 000m^2，设备包括清洗、打浆、超声萃取、离心、浓缩、喷雾干燥、包装等设备。

2.1.12.4 市场前景及经济效益

该技术已在加拿大Nutracanada公司进行生产，销往美国及欧洲等国家。

2.1.12.5 联系方式

联系单位：山东省农业科学院农产品研究所

通信地址：山东省济南市工业北路202号

联系电话：0531－83179223

电子信箱：anweich@126.com

2.1.13 猕猴桃干酒、果酒加工技术

2.1.13.1 技术简介

该技术工艺成熟，可进行产业化生产，采用现代化加工工艺、发酵工

艺、绿色健康，适合新时期、新概念、现代都市的健康生活。

2.1.13.2 主要技术指标

工艺设计能力达年产500t干酒、500t果酒，建立猕猴桃鲜果加工生产线，果酒发酵控制系统，干酒发酵控制系统，果渣精深加工生产线，建立产品质量标准。

2.1.13.3 投资规模

建立年产500t干酒、500t果酒生产线投资为2 050万元。其中：厂房5 000m^2，600万元；配套水电250万元；设备1 000万元；消防卫生200万元。流动资产需800万元。

2.1.13.4 市场前景及经济效益

示范猕猴桃果酒100t，干酒100t，直接经济效益1 350万元。

2.1.13.5 联系方式

联系单位：湖北省农业科学院农产品加工与核农技术研究所

通信地址：湖北省洪山区南湖大道5号

联系电话：027－87389392

电子信箱：Mlchen82@ gmail. com

2.1.14 柿子醋及系列饮品的开发

2.1.14.1 技术简介

利用河南盛产的柿子为原料，采用液态、固态结合法生产柿子醋，并开发了柿子醋饮品，产品稳定性好，口味纯正，是很好的绿色健康饮品。

2.1.14.2 主要技术指标

采用耐热聚酯瓶或玻璃瓶装，年产10 000t，可实现产值4 000万～6 000万元，创利税1 000万元。

2.1.14.3 投资规模

基建及设备投资500万元，流动资金500万元。需生产车间、配套库房 2 500m^2，水处理设备、破碎压榨设备、酒精醋酸发酵设备、、贮存罐、调配罐、过滤机、高温杀菌机、三合一热灌装机、包装设备。

2.1.14.4 市场前景及经济效益

已在荥阳投入生产，曾获得河南省科技进步三等奖。

2.1.14.5 联系方式

联系单位：河南省食品工业科学研究所有限公司

通信地址：河南省郑州市农业路 60-2 号

联系电话：0371－63839225

电子信箱：yds1957@126.com

2.1.15 南方山葡萄酒双效生物降酸酿造技术

2.1.15.1 技术简介

以自主选育的酿酒酵母 JP2、酿酒酵母 J4 和植物乳杆菌 R23、副干酪乳杆菌 R35 为菌株，研发出多菌复配的双效生物降酸酿造新技术，解决山葡萄酒果酸过高的技术难题。

2.1.15.2 主要技术指标

年产 500t 南方山葡萄酒，产值可达 3 900 万元。

2.1.15.3 投资规模

本技术总投资为 1 500 万元。其中：固定资产投资 1 200 万元，流动资金 300 万元。需厂房 8 000～10 000m^2 及葡萄酒加工相关设备和设施。

2.1.15.4 市场前景及经济效益

项目的实施，能够较快地提高南方葡萄酒的生产能力和技术水平，促进南方葡萄种植产业的发展。项目每年产生利润 936 万元，投资利润率为 62.48%，全部投资回收期（含建设期 1 年）为 3 年。

2.1.15.5 联系方式

联系单位：福建省农业科学院农业工程技术研究所

通信地址：福建省福州市五四路247号

联系电话：0591－87869482

电子信箱：lwx@163.com

2.1.16 葡萄保鲜剂

2.1.16.1 技术简介

葡萄保鲜剂是延长葡萄冷库保藏期的有效途径。目前市场上使用的葡萄保鲜剂配方单一，且储藏保鲜过程中存在普遍的保鲜剂超剂量使用情况，导致葡萄产生严重的抗药性，现有葡萄保鲜剂使用效果不佳。该技术对葡萄保鲜剂配方进行改进，复配多种有效成分，使葡萄保鲜期达到七个月以上，保鲜效果得到大幅度提高。本产品前期释放速度快，杀菌明显、药效持久，不易产生二氧化硫的伤害。经5年的应用实验结果表明对葡萄储藏保鲜效果良好，符合国家食品添加剂卫生安全指标及EPA和FDA组织联合规定的二氧化硫残留。

2.1.16.2 主要技术指标

保鲜剂采用片剂的缓释作用，将10片0.5g的这种保鲜剂置于葡萄上面可使葡萄保鲜期达到7个月以上，腐烂变质率仅为0.6%～0.8%。适宜葡萄储藏温度0～10℃，相对湿度87%～93%。

2.1.16.3 投资规模

总投资200万元，其中流动资金80万元。需食品标准厂房面积200m^2，电力供应20kW。设备包括混合机、打片机、包装机等设备。

2.1.16.4 市场前景及经济效益

该项成果在辽宁省北镇多家葡萄专业合作社开展应用，新增产值300万元。

2.1.16.5 联系方式

联系单位：辽宁省农业科学院食品与加工研究所

通信地址：辽宁省沈阳市沈河区东陵路 84 号

电子信箱：lnyspjgs@ 163. com

2.1.17 葡萄专用保鲜袋

2.1.17.1 技术简介

葡萄是我国四大水果之一，70% 以上用于鲜食。但鲜食葡萄采后置常温下容易失水、脱粒、腐烂变质，每年造成很大的经济损失。该产品解决了葡萄难贮藏，易腐烂的难题，具有高效、安全、无残留、无污染、使用方便、成本低等特点。本产品主要应用于中、高档果品的贮藏保鲜，如巨峰、晚红、美人指、奥山红宝石、无核白鸡心等，部分样品已投入市场，效果显著。

2.1.17.2 主要技术指标

结合低温贮藏，保质期可达到 8 个月以上，符合食品加工企业规范，能够满足农业产业化要求的技术体系，产品达到国家同类产品的质量标准。

2.1.17.3 投资规模

总投资 400 万元，其中流动资金 180 万元。需新建保鲜袋生产车间，面积 600m^2，电力供应 20kW。

2.1.17.4 市场前景及经济效益

2011 年，辽宁全省葡萄总产量约为 100 万 t，应用葡萄专用保鲜袋在省内分布点 10 余个，使用本葡萄保鲜袋的葡萄约为 5 万 t，以葡萄每千克 1. 2 元计，本项目可创造 6 000 万的经济效益。保鲜袋成本每个 0. 3 元，每袋装葡萄 0. 5kg，保鲜袋的总费用共 3 000 万元，购买设备以及维护、运行、保养费 500 万元。综上，本项目所创造的经济效益达 2 500 万元，增加税收约 800 万元，同时可安排剩余劳动力及下岗职工 2 500 人左右，人均年收入增加 5 000 元以上，经济效益和社会效益十分显著。

2.1.17.5 联系方式

联系单位：辽宁省农业科学院食品与加工研究所

通信地址：辽宁省沈阳市沈河区东陵路84号

电子信箱：lnyspjgs@163. com

2.1.18 全发酵蓝莓干红的精深加工

2.1.18.1 技术简介

研究出蓝莓干红全发酵精深加工的关键技术对蓝莓原料清洗后的废水（含色素、花色素苷）进行循环利用，提取并分离其中的花青素。

2.1.18.2 主要技术指标

蓝莓酒加工示范规模为560t；研发新工艺1条（全发酵蓝莓干红的精深加工），建立生产线1个，开发新产品1个（全发酵蓝莓干红）。

2.1.18.3 投资规模

加工设备、冷库等投资约200万元，5 000m^2生产车间，200t恒温、低温库；需清洗槽、控温发酵罐、恒温培养箱、台式离心机、电子恒温水浴锅、真空灭菌锅、红酒恒温箱、包装平台等。

2.1.18.4 市场前景及经济效益

目前，示范推广产量600t，销售收入800万元，上缴利税350万元。

2.1.18.5 联系方式

联系单位：安徽省农业科学院农产品加工研究所

通信地址：安徽省合肥市农科南路40号

联系电话：0551-5160923

电子信箱：Sunang. 32@163. com

2.1.19 杨梅箱式气调贮运保鲜技术与装备

2.1.19.1 技术简介

利用研发的杨梅专用气调保鲜箱，结合产地快速预冷、准冰温、气调

保鲜等综合保鲜技术，可延长杨梅保鲜期21d以上，出库货架期12h以上，杨梅保持特有的风味和商品性。

2.1.19.2 主要技术指标

杨梅保鲜期延长至21d以上，货架期12h以上，风味等商品性保持良好。

2.1.19.3 投资规模

投资50万~100万元。

2.1.19.4 市场前景及经济效益

已在浙东及周边地区示范应用，可广泛应用在杨梅采后贮运保鲜领域。

2.1.19.5 联系方式

联系单位：宁波市农业科学研究院

通信地址：浙江省宁波市江东区德厚街19号

联系电话：0574-87926771

电子信箱：nbnjg@163.com

2.1.20 葡萄酒副产物综合利用技术

2.1.20.1 技术简介

通过有效组分提取、超微粉处理等新技术，利用葡萄酒加工副产物加工成具有保健功能的胶囊和片剂。

2.1.20.2 主要技术指标

降低提取和加工成本30%以上，同时大大提高有效组分提取和利用效率。

2.1.20.3 投资规模

年产100t葡萄籽提取物所需厂房和设备，投资约400万元。需配有超微粉车间、超微粉加工及附属设施、制片车间、胶囊生产车间等。

2.1.20.4 市场前景及经济效益

项目正常运行后，可实现年产值5 000万元，纯利润可达3 000万元。

2.1.20.5 联系方式

联系单位：山东省农业科学院农产品研究所

通信地址：山东省济南市工业北路202号

联系电话：0531－88960332

电子信箱：sunyuxia1230@163.com

2.1.21 果酒酿造及稳定性处理技术

2.1.21.1 技术简介

针对桑葚、樱桃等水果存在的色素稳定性差、糖酸不协调等问题，在果酒酿造过程中采取有针对性的工艺，提高果酒品质和色素稳定性，生产出具有鲜明特色的果酒产品。

2.1.21.2 主要技术指标

果酒色素能够稳定保持2年以上，品种风格明确，酒体结构协调。

2.1.21.3 投资规模

年产100t果酒生产厂房及设备，投资约500万元，需配有原料前处理、发酵、陈酿、稳定性处理及灌装等车间以及发酵罐及附属加工设施、储酒罐、灌装设施等。

2.1.21.4 市场前景及经济效益

项目正常运行后，可实现年产值800万元，利税可达300万元。

2.1.21.5 联系方式

联系单位：山东省农业科学院农产品研究所

通信地址：山东省济南市工业北路202号

联系电话：0531－88960332

电子信箱：sunyuxia1230@163.com

2.1.22 白兰地生产技术

2.1.22.1 技术简介

以葡萄或其他水果为原料，经控制发酵后，利用适当的蒸馏和陈化设备，生产优质白兰地。

2.1.22.2 主要技术指标

采用适当的蒸馏技术，通过控制蒸馏温度和时间，选择适当的橡木桶陈酿，生产优质白兰地，使其价值提高50%以上。

2.1.22.3 投资规模

年产200t白兰地所需厂房和设备，投资约400万元以上，流动资金80万~100万元。需配有原料前处理、原酒发酵、蒸馏等车间、陈酿用酒窖及橡木桶、原酒发酵罐及附属加工设备、灌装设备等。

2.1.22.4 市场前景及经济效益

项目正常运行后，可实现年产值4 000万元，利税可达1 800万元。

2.1.22.5 联系方式

联系单位：山东省农业科学院农产品研究所

通信地址：山东省济南市工业北路202号

联系电话：0531－88960332

电子信箱：sunyuxia1230@163.com

2.1.23 鲜食葡萄采后集约化处理技术

2.1.23.1 技术简介

通过鲜食葡萄的采后工厂化分选包装、差压式快速预冷，使鲜食葡萄的包装品质、预冷效果和贮运品质得到明显的提升。

2.1.23.2 主要技术指标

实现鲜食葡萄的分选包装和差压式预冷技术处理能力60t/d，使葡萄在采收后2h内进入冷藏库，8h内果心温度降低至4℃以下，葡萄表面无结露。

2.1.23.3 投资规模

鲜食葡萄分选包装和预冷处理能力60t/d，所需分选包装厂、预冷库及设备约需500万元。需配有葡萄分选包装车间、分体式分选包装流水线、搭件设备、葡萄预冷库。

2.1.23.4 市场前景及经济效益

项目正常运行后，可实现年产值1 500万元，纯利润200万元。

2.1.23.5 联系方式

联系单位：山东省农业科学院农产品研究所

通信地址：山东省济南市工业北路202号

联系电话：0531－88960332

电子信箱：guanxq90@126.com

2.2 柑橘类水果加工技术与装备

2.2.1 柑橘酶法去皮和脱囊衣技术

2.2.1.1 技术简介

首次应用复合酶技术，研发出一种柑橘去皮及脱囊衣新工艺，不但解决了柑橘加工传统工艺中产生大量酸碱废水的化学污染和产品重金属残留问题，而且有效降低了劳动强度和成本，显著提高了产品质量和生产效率，对推动柑橘加工业向环境友好型产业发展，提升国际竞争力具有重要意义。复合酶法柑橘脱囊衣技术属国内首创，达到国际先进水平。

2.2.1.2 主要技术指标（表1）

表1 酶法脱囊衣与传统化学法脱囊衣工艺主要技术指标

评价指标	酶法脱囊衣	化学法脱囊衣
环境影响	无化学污染	NaOH 废水排放约 40t/吨产品
重金属残留	没有	可能有
维生素 C	16.3 mg/100g	4.8 mg/100g
口感	脆嫩	绵软
色泽	接近原色	暗淡
整瓣率	>95%	>90%

2.2.1.3 投资规模

预计投资 6 250 万元，流动资产投资 2 000 万元。需厂房（包括原料存放车间、生产车间、库房等）占地面积 2.7hm^2，设备及配套设施包括酶法脱囊衣专用流槽、酶法去皮专用设备、灌装机、封口机等。

2.2.1.4 市场前景及经济效益

通过本项目改进工艺，每吨柑橘罐头产品至少可节约饮用水 30t，以全国总产量 60 万 t 计，每年可节约 1 800 万 t；按营养学家推荐的人均消耗饮用水量 2L/人 · d 计，可供 1 000 万人口消费 2.45 年。另外，酶取代 NaOH 脱囊衣，可减少污水排放 2 400 万 t，相当于 600 万人口城市 1 年居民污水排放量。

2.2.1.5 联系方式

联系单位：湖南省农业科学院农产品加工研究所

通信地址：湖南省长沙市芙蓉区马坡岭

联系电话：0731－82873309

电子信箱：happi-china@163.com

2.2.2 柑橘速冻技术

2.2.2.1 技术简介

项目应用速冻技术处理柑橘原料，实现原料的周年供应和罐头的全年

生产，提高企业设备利用率；解决铁罐储藏成本高，消除产品的铁锈异味和重金属残留风险；解决加工企业用工难问题，稳定熟练工人队伍，大幅提高企业生产效率和经济效益。

2.2.2.2 主要技术指标（表2）

表2 速冻与传统生产综合比较表

项目	速冻	传统
原料供应	周年	3～4个月
生产周期	全年	3～4个月
设备利用	全年	3～4个月
企业用工	全年	5～6个月
单位生产成本合计	9 022.56元	9 529.75元
色泽	橘色	浅橘色，有白点
组织形态	片形完整，无散囊	橘瓣有破碎
滋味与气味	橘子原味	有铁锈味，味稍淡
脆度	较好	较好
铅（mg/kg）	未检出（<0.000 6）	未检出（<0.000 6）
总砷（mg/kg）	0.002	0.002
锡（mg/kg）	未检出（<0.000 2）	27.61
可溶性固形物（%）	12.1	11.3
维生素C（mg/100g）	22.5	13.8
商业无菌	商业无菌（pH值无显著差异）	商业无菌（pH值无显著差异）
C_aCl_2（g/kg）	0.72	未检出

2.2.2.3 投资规模

预计投资5 260万元、流动资产投资2 200万元。需厂房（包括原料存放车间、速冻车间、生产车间、冷库等）占地面积$2hm^2$（30亩），设备及配套设施包括热烫装置、速冻装置、流槽、灌装机、封口机等。

2.2.2.4 市场前景及经济效益

通过本项目的实施，每生产单位速冻橘瓣罐头可节省铁听包装等费用507元；推广应用到全国，以年产60万t速冻橘瓣罐头计算，每年可节省成本30 420万元、带动2.2万农户增收45 166万元、增加3.6万个就业岗位。

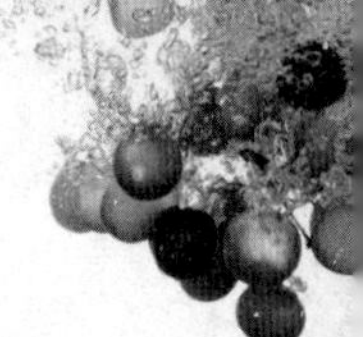

2.2.2.5 联系方式

联系单位：湖南省农业科学院农产品加工研究所

通信地址：湖南省长沙市芙蓉区马坡岭

联系电话：0731－82873309

电子信箱：happi-china@163.com

2.2.3 海南绿橙贮藏保鲜技术

2.2.3.1 技术简介

研究了海南绿橙贮藏适性及海南绿橙贮藏保鲜技术，研究了海南绿橙运输及销售过程中的保鲜技术，制定了海南绿橙产后处理技术规范。

2.2.3.2 主要技术指标

通过该技术，海南绿橙贮藏60～80d，商品率96%；货架期12～15d，商品率98%，年新增产值30 00万元以上。

2.2.3.3 投资规模

工程总投资500万元，流动资产投资150万元。需1 000t气调冷库1座，配套300m^2前处理车间。需购置商品化处理生产线一条，实现自动洗果、选果、涂膜、烘干等流程。

2.2.3.4 市场前景及经济效益

项目技术已在海南琼中绿橙产区进行示范推广，累计贮藏绿橙约4 000t，产生社会经济效益4 000万元左右。

2.2.3.5 联系方式

联系单位：海南省农业科学院农产品加工设计研究所

通信地址：海南省海口市流芳路9号

联系电话：0898－65373676

电子信箱：jjb1578@sina.com

2.2.4 柑橘橘皮分层设备及其综合利用

2.2.4.1 技术简介

柑橘橘皮由白皮层和油胞层组成，采用分层设备将橘皮分层分别利用，可大大提高柑橘橘皮的利用率。

2.2.4.2 主要技术指标

生产设备每小时可分割橙、柚类皮 50～100kg，可用于柑橘精油、果胶、类胡萝卜素的提取。

2.2.4.3 投资规模

分层设备造价 5 万～10 万元，其余提取、加工设备 500 万～1 000 万元，投入流动资产 1 000 万元左右。需厂房 1 000m^2，包括仓库、烘房、提取、压榨车间等。

2.2.4.4 市场前景及经济效益

该设备的研究开发可大大提升柑橘加工产品品质。

2.2.4.5 联系方式

联系单位：浙江省农业科学院

通信地址：浙江省杭州市石桥路 198 号

联系电话：0571－86404011

电子信箱：hunterzju@ 163. com

2.2.5 发酵型柑橘果酒/果醋饮料生产工艺技术

2.2.5.1 技术简介

发酵型柑橘果酒/果醋以柑橘类水果为原料，通过微生物液态发酵作用，使柑橘中的各种营养成分及功能性物质充分释放、溶解，更易于人体的吸收利用。产品色泽金黄，果香味浓郁，富含黄酮类、柠檬苦素类

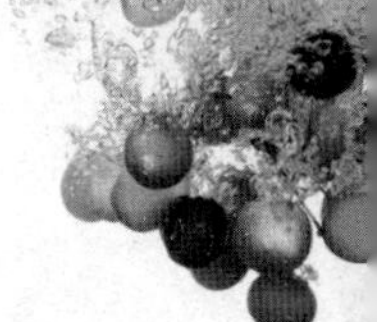

等具有保健功能的生理活性物质，是集营养与保健功能为一体的健康饮品。

2.2.5.2 主要技术指标

年生产能力柑橘果酒/果醋 1 000t；产品达到国家相关技术标准。

2.2.5.3 投资规模

本项目总投资 1 000 万元，其中设备及固定资产投资 400 万元，流动资金 600 万元。需厂房面积 2 000m^2，柑橘果酒/果醋榨汁、发酵、调配、灌装等成套设备。

2.2.5.4 市场前景及经济效益

项目达到设计生产能力后，企业可实现年均营业收入 6 000 万元，利润 1 300 万元，项目投资回收期为 4 年。

2.2.5.5 联系方式

联系单位：重庆市农业科学院农产品贮藏加工研究所

通信地址：重庆市九龙坡区白市驿镇农科大道

电子信箱：gfhcqtea@163.com

2.2.6 柑橘浓缩汁和 NFC 果汁及其生产技术

2.2.6.1 技术简介

浓缩汁加工技术主要是在榨的原汁的基础上将其浓缩 5～6 倍，在 -18℃保存；NFC 柑橘汁需用适宜制汁的优质原料，经过洁净加工，巴氏灭菌和无菌灌装技术制成，并在 0℃条件下贮运销。

2.2.6.2 投资规模

每吨浓缩柑橘汁产品成本 12 000 元，每吨 NFC 柑橘汁产品成本 6 000 元，流动资产投资以产品数量计算，浓缩汁 12 000 元/t，35 万 t 需要 42 亿元/年；NFC 汁 6 000 元/t，90 万 t 需要 54 亿元/年。

以年产 1 万 t 浓缩汁的一个中等规模的工厂计算，厂房 3 000m^2，300 万元；设备及配套设施 1.5 亿元，土地 3.3hm^2（50 亩）500 万元，固定资产总投资 1.58 亿元。以年产 1 万 tNFC 柑橘汁的中等规模的工厂计算，厂房3 000m^2，300 万元；设备及配套设施 1 亿元，土地 3.3hm^2（50 亩）500 万元，固定资产总投资 1.08 亿元。

2.2.6.3 市场前景及经济效益

目前我国柑橘年产量 3 000 万 t 左右，20% 果实用于制汁，按 70% 生产浓缩汁，30% 生产 NFC 果汁计算，年产量分别为 35 万 t 浓缩汁和 90 万 tNFC 果汁，产值分别为 63 亿元和 90 亿元，利税分别为 12.6 亿元和 30 亿元。

2.2.6.4 联系方式

联系单位：中国农业科学院柑橘研究所

通信地址：重庆市北碚区歇马镇柑橘村 15 号

联系电话：023－68349709

电子信箱：wuhoujiu@126.com

2.2.7 柑橘低糖鲜香蜜饯及其加工技术

2.2.7.1 技术简介

将柑橘果实特别是宽皮柑橘果实如椪柑资源化利用，果皮用于制作“皮金条”，果肉即囊瓣制作“晶瓣”，采用真空低糖秘制方法，制出的这两种蜜饯外观晶莹透明，甜酸适度，维生素、膳食纤维和类黄酮含量高，营养丰富，还可以根据消费爱好制作成各种形状和采用各种形式包装，适宜制成目前流行的休闲健康食品。

2.2.7.2 投资规模

每吨产品造价（成本）15 000 元，流动资产投资以产品数量计算，12 000元/t，30 万 t 需要 3.6 亿元/年。

以年产 5 000t 的一个中小规模的工厂计算，厂房 2 000m^2，100 万元；

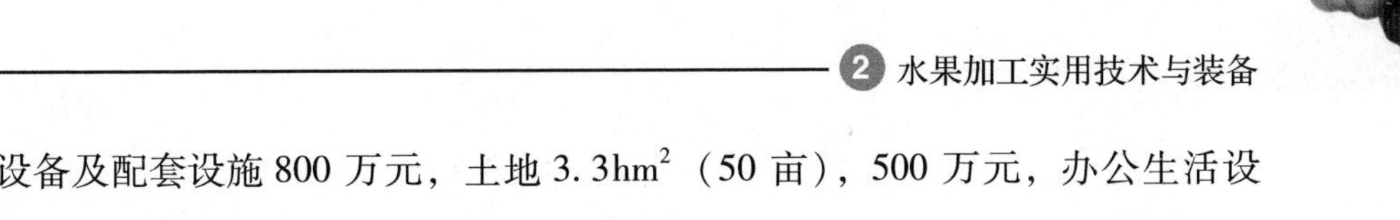

设备及配套设施 800 万元，土地 3.3hm^2（50 亩），500 万元，办公生活设施 5 000m^2，500 万元。固定资产总投资 1 900 万元。

2.2.7.3 市场前景及经济效益

可以年消化 80 万 t 滞销二三级柑橘果实，可以新增至少 10 000 个就业岗位，可以年新增产值 9 亿元，年利税 4 亿元，可以为市场提供 30 万 t/年营养健康美味的休闲食品。

2.2.7.4 联系方式

联系单位：中国农业科学院柑橘研究所

通信地址：重庆市北碚区歇马镇柑橘村 15 号

联系电话：023－68349709

电子信箱：wuhoujiu@ 126. com

2.2.8 柑橘皮渣发酵饲料及其生产技术

2.2.8.1 技术简介

利用柑橘加工厂排出的皮渣发酵制成饲料，5kg 鲜皮渣可以生产 1kg 干发酵饲料；1kg 柑橘皮渣发酵饲料可增产 4.6kg 牛奶。此外还可作羊、猪和鸡等饲料，替代 10% ~30% 玉米等精饲料，或作为配合饲料的原料。

2.2.8.2 投资规模

每吨产品造价（成本）1 000 元，流动资产投资以产品数量计算，1 200元/t，10 万 t 需要1.2亿元/年。皮渣饲料厂需依附于柑橘加工厂，解决加工厂排出的皮渣。以年产 5 000t 产品的一个中小规模的车间计算，厂房 2 000m^2，100 万元；设备及配套设施 600 万元，土地 0.33hm^2（5 亩），50 万元，固定资产总投资 750 万元。

2.2.8.3 市场前景及经济效益

可以年消化 50 万 t 柑橘加工皮渣，可以新增至少 1 000 个就业岗位，可以年新增产值 1.8 亿元，年利税 8 000 万元。可以提供 10 万 t/年饲料，

替代3万t玉米，同时消除50万t皮渣可能带来的严重环境污染。由于我国饲料一直短缺和紧张，因此，皮渣饲料的市场将供不应求。

2.2.8.4 联系方式

联系单位：中国农业科学院柑橘研究所

通信地址：重庆市北碚区歇马镇柑橘村15号

联系电话：023－68349709

电子信箱：wuhoujiu@126.com

2.2.9 柑橘速冻及罐头工业化生产技术研究

2.2.9.1 技术简介

首创柑橘速冻及罐头工业化生产，实现柑橘原料的周年供应和柑橘罐头全年生产。通过综合比较分析，速冻橘瓣罐头的品质要优于传统铁罐改装后的产品。采用流水微波结合解冻方法将速冻柑橘产品解冻，产品质量相对最好。解冻脱囊衣生产柑橘罐头，所得产品感官、理化指标符合GB 11671-2003果蔬类罐头食品卫生标准。

2.2.9.2 主要技术指标

每生产1t速冻橘瓣罐头可节省铁听包装等费用500多元；以年产60万t速冻橘瓣罐头计，每年可节省成本30 000万元，带动2.2万农户增收45 000万元，增加3.6万个就业岗位。

2.2.9.3 投资规模

设计年生产速冻橘瓣10 000t，建设投资2 520万元，投资回收期4年。包括选果机、热烫机、FBF流态化速冻装置、螺杆制冷机、蒸发式冷凝器、贮氨器、排液桶、中间冷却器、低循器、集油器、空分器、紧急泄氨器、辅助贮液器、屏蔽氨泵、冷库用冷却器等主要设备。

2.2.9.4 市场前景及经济效益

该技术在辣妹子食品有限公司应用并开始工业化生产，已累计完成

12 000t 速冻橘瓣加工的柑橘罐头，实现销售收入 10 800 万元，上缴税收 833 万元、纯利润 800 万元。项目填补了国内采用速冻柑橘生产橘瓣罐头的空白，为推动柑橘产业的发展做出了重大贡献。

2.2.9.5 联系方式

联系单位：湖南省农业科学院农产品加工研究所

通信地址：湖南省长沙市芙蓉区马坡岭

联系电话：0731－82873309

电子信箱：lgy7102@163.com

2.3 核果、仁果类水果加工技术与装备

2.3.1 黄桃酶法去皮技术

2.3.1.1 技术简介

首次应用复合酶技术，研发出一种黄桃去皮新工艺，能替代传统去皮工艺使用 NaOH 对产品质量安全及环境的不利影响，提高生产企业的竞争力，促进我国黄桃产业进入良性循环，实现可持续发展。同时通过企业发展带动农民增收，对保护环境、节约资源具有重要意义。

2.3.1.2 主要技术指标（表3）

表 3 黄桃酶法去皮与国内现行碱法去皮主要技术指标的比较

评价指标	酶法	碱法
操作温度	42～46℃	90～95℃
去皮质量损失	25.1g/kg 原料	72.2g/kg 原料
去皮用水	2.5L/kg 原料	3.0L/kg 原料
清洗用水	2.5～3L/kg 原料	10～13L/kg 原料
环境影响	无化学污染	NaOH 废水排放 15～20t/t 产品

（续表）

评价指标	酶法	碱法
重金属残留	没有	以前有过
口感	脆嫩，酸甜可口	绵软，口感略涩
色泽	保持原有的天然色泽	黄里泛白
操作安全	安全	对操作人员手有灼伤危险

2.3.1.3　投资规模

预计投资 2 780 万元、流动资产投资 1 200 万元。需厂房（包括原料存放车间、生产车间、库房等）占地面积 1.33hm^2（20 亩），设备及配套设施包括分级机、流槽、灌装机、封口机等。

2.3.1.4　市场前景及经济效益

每生产 1t 黄桃罐头可减少使用 NaOH 原料 40～45kg，减少废水排放 15～20t，减少盐（NaCl 或 Na_2SO_4）的排放 60～70kg；年产 3 000t 的黄桃罐头企业因中和碱液每年向环境排放约 200t 的盐；按我国年产量 40 万 t 计，每年可减少 800 万 t NaOH 废水排放，相当于 80 万城市人口 1 年的污水排放量。

与传统碱法相比，每吨产品耗水量从 15t 减少到 5t，节水约 10t。按我国年产量 40 万 t 计，可节约水资源 400 万 t，相当于 548 万城市人口 1 年的饮用水量。避免因使用 NaOH 导致产品重金属残留风险，保障食品安全。减少去皮工序的操作工人，避免了淋碱去皮因需要人工操作带来的工作效率低和劳动强度大等问题，操作安全。

2.3.1.5　联系方式

联系单位：湖南省农业科学院农产品加工研究所

通信地址：湖南省长沙市芙蓉区马坡岭

联系电话：0731－82873309

电子信箱：lgy7102@163.com

2.3.2 非浓缩型鲜榨杨梅汁（NFC 杨梅原汁）

2.3.2.1 技术简介

NFC 果汁即非浓缩还原 100% 果汁，是软饮料行业内较新颖、零售价相对较高的高档产品。杨梅汁作为一种主要的杨梅加工产品，不仅保留了杨梅果实原有的鲜艳色泽和独特口味，而且还含有多种酚类化合物等功能性成分，是一种集美味与功能性于一身的保健饮品。

2.3.2.2 主要技术指标

开发成功杨梅 NFC 果汁生产工艺，建成了年产超过 1 000t 的 NFC 生产线。研制开发优质杨梅鲜果汁、杨梅酒产品各 1 个，制定杨梅原汁产品的质量与技术标准。杨梅原汁产品品质指标如下。

（1）感官指标

色泽：原料应有的色泽，色泽均匀一致。

风味：接近 100% 的鲜榨果汁。具有原料特有独特的风味，酸甜适口，无异味。

组织形态：澄清透明，无悬浮沉淀物，澄清度达到 85% 以上。

杂质：不允许有果肉、种核碎屑等杂质存在。

（2）理化指标：TSS 达 11%，可滴定酸为：0.5% ~0.7%。

（3）重金属和微生物指标：符合国家 GB-11671-89《果蔬类罐头食品卫生标准》有关规定。

（4）食品添加剂：符合 GB2760 的有关规定。

（5）保质期：低温下 30d 以上。

2.3.2.3 投资规模

厂房固定资产投资 2 500 万元，流动资产投资包括区域实验与示范费 60 万元/年，中间试验或生产性试验费 55 万元/年，设备仪器购置费 200 万元/年，其他不可预见 300 万元/年。

杨梅原汁加工车间 2 000m^2，实验检测中心 400m^2，办公室 300m^2。生

产示范基地 66.67hm^2（1 000 亩）。配套设施包括：示范基地主要道路整理，加工厂房环境生态化，部分配套科研仪器设备添置，保鲜及储藏库房改造等。

2.3.2.4 市场前景及经济效益

通过项目的实施，消化广大果农杨梅15 000多t，间接增加农民收入达1 000万元左右。直接带动农户6 500多户，联结基地0.13万hm^2（2万多亩），有力地促进了农业增效和农民增收。

2.3.2.5 联系方式

联系单位：浙江大学

通信地址：浙江省杭州市余杭塘路866号

联系电话：0571－88982155

电子信箱：psu@zju.edu.cn

2.3.3 杏固体饮料加工关键技术

2.3.3.1 技术简介

开发了杏固体饮料产品，解决了杏固体饮料产品“褐变”“速溶”和“稳定化技术”三大技术难题。本产品的最大技术特点是果肉含量较高在20%～40%。固体饮料外观金黄色，具有杏子的风味，溶解性好，无沉淀发生。

2.3.3.2 主要技术指标

年产2 000t的杏子固体饮料的生产线，实现销售收入6 000万元，上缴利税1 200万元。

2.3.3.3 投资规模

造价约2 000万元，流动资产投资为1 000万元。需要厂房面积2 000m^2，主要设备包括洗果机、预煮机、打浆机、胶体磨、喷雾干燥、杀菌机、包装机等设备。主要配套设施是冷库，面积约500m^2。

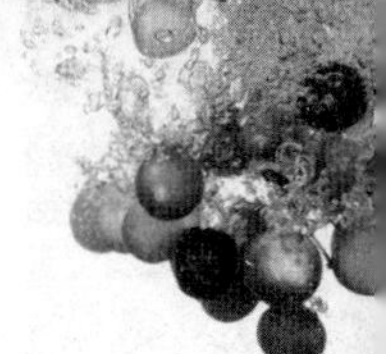

2.3.3.4 市场前景及经济效益

在杏子主产地建厂，解决杏子贮藏过程中易腐烂的难题，实现了杏子加工产品长途运输的问题。年产 2 000t 的杏子固体饮料的生产线，实现销售收入 6 000 万元，上缴利税 1 200 万元，盈利 1 500 万元/年。

2.3.3.5 联系方式

联系单位：北京市农林科学院农业综合发展研究所

通信地址：北京市海淀区曙光花园中路 9 号

联系电话：010－51503604

电子信箱：tianjinqiang1971@ 163. com

2.3.4 橄榄汁加工的冷榨汁技术

2.3.4.1 技术简介

橄榄汁是以福州本地的长营橄榄为原料，经杀青、去核、榨汁、调配、均质、杀菌和灌装而成。产品富含黄酮类物质和维生素 C 等，营养丰富，深受市场青睐。但因橄榄中含有丰富的多酚类物质，在加工和贮藏过程中容易发生褐变，不仅降低其营养价值，而且缩短了货价期。运用了冷榨汁处理，一定程度上降低了橄榄汁的褐变程度；就该技术公司获得了国家发明专利。

2.3.4.2 主要技术指标

产品固形物≥7%，果汁含量≥20%，pH 值为 3. 8 ~4. 2。处用该技术，福州大世界橄榄有限公司年生产橄榄汁 6 万 t，完成销售额 1 500 万元，利润超过 200 万元，利税 90 余万元。

2.3.4.3 投资规模

配套的厂房、设备和仓库等投资 2 960 万元。生产设备：日生产量超 30t 的 UHT 四合一灌装线一条、与其配套的榨汁机、离心机、调配罐、均质机、洗瓶机等。

厂房：$50m^2$添加剂库、$10m^2$成品库、冷库（存贮量超万吨）、还有化验室、配料室等辅助设施。

2.3.4.4 市场前景及经济效益

2010 年 3 月 28 日，“福州橄榄”被国家工商总局商标局核准为地理标志集体商标。橄榄作为福州特产，已经越来越被人们所喜爱。据统计，仅福建省橄榄种植面积就有 1.33 万 hm^2（20 多万亩），采摘面积 0.33 万 hm^2（5 万多亩），产量 2 万 t，福建省闽江流域福州市一带有橄榄出产，产地主要分布在闽江下游两岸，以闽侯、闽清的产量最多，因此，提高橄榄的深加工水平，势必带动整个橄榄加工业的发展。

2.3.4.5 联系方式

联系单位：福州大世界橄榄有限公司

通信地址：福建省福州闽侯荆溪中国食品工业园

联系电话：0591－38266000

电子信箱：dhy832@126.com

2.3.5 冬枣贮藏保鲜技术

2.3.5.1 技术简介

冬枣机械冷库贮藏保鲜采取了以下 10 个操作工序：

果园管理→采前处理→采收→预冷→贮前处理→包装→库房消毒→果品堆放→贮期管理→出库包装。

冬枣贮藏主要技术参数：①采前喷 0.3% 氯化钙 2 次；②果面 1/4 红时采收；③入库前用 $3g/m^3$ 的冬枣保鲜剂熏蒸；④厚度 0.04mm 打孔聚乙烯塑料袋包装；⑤贮藏温度：－0.8～－1.2℃；⑥贮藏相对湿度：95%；⑦贮藏气体成分：箱内 $CO_2<1.5\%$，库内经常换气。

2.3.5.2 主要技术指标

冬枣贮藏 120d，好果率达到 96.7%。被评价为“国内领先水平”，获

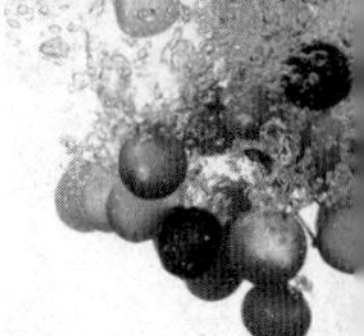

国家专利1项。

2.3.5.3 投资规模

建1 000t冷库60万元，贮藏费用每千克0.6元（冷库费0.2元，运费0.1元，包装费0.2元，人工费0.1元）。

2.3.5.4 市场前景及经济效益

该项目被山东省河口区科技局和山东省茌平县绿香源果业公司使用，贮藏冬枣8万kg，获纯利润210万元，平均每千克获纯利润26.0元。

2.3.5.5 联系方式

联系单位：陕西师范大学

通信地址：陕西省西安市长安南路199号

联系电话：029－85310346

电子信箱：youlinzh@ snnu. edu. cn

2.3.6 高维生素C红枣的多品种加工技术与设备

2.3.6.1 技术简介

该项目利用真空机制的低压、缺氧和高效等特性及其可在低温下对物料进行浸渍、浓缩、脱水、干燥、膨化等加工的特点。蜜枣的维生素C含量可达500mg/100g以上，干枣、酥脆枣、枣粉的维生素C含量高达1 000mg/100g，是现市场上销售同类产品的15～1 000倍。本技术与设备亦可用于其他果蔬脱水产品等的深加工，保持产品原色、原味、原营养、高维生素C，产品质量好、特色强。此类产品市场未见销售。本技术避免了常压干燥和真空油炸的缺点，产品质量与冷冻干燥法相当。而设备投资约为冷冻干燥法的1/5，能耗仅为其1/6～1/4。

2.3.6.2 主要技术指标

年加工鲜枣432t时，加工每吨鲜枣的总成本约6 100元。年产值483.8万～1 935.4万元，相应成本为263.5万～1 016.1万元，上缴年利税220.3万～

919.3 万元。

2.3.6.3 投资规模

该项目设备投资 76 万元，厂房及其他辅助设施改造 50 万元，流动资金 100 万元。总体投资在 230 万元左右。

2.3.6.4 市场前景及经济效益

效果应用佳。

2.3.6.5 联系方式

联系单位：陕西农产品加工技术研究院

通信地址：陕西省西安市未央大学园区

联系电话：0578－2852136

电子信箱：xumd@ sust. edu. cn

2.3.7 大枣压差膨化装备及技术

2.3.7.1 技术简介

该项目技术优点：①采用压差技术，膨化效果好，产品加工周期短，节省能源；②操作方便，易于安装，全自动化控制；③膨化装备加工产品的范围广泛，包括大枣、苹果、香蕉、菠萝、橘子、桃、胡萝卜、番茄、西芹、蘑菇、大蒜等，膨化的产品绿色天然，无色素和其他添加剂；④品质优良，有很好的酥性和脆性，口感好；⑤营养丰富，保留果蔬中原有的营养成分，低热量、低脂肪；⑥食用方便；⑦易于储藏；⑧克服了低温真空油炸果蔬产品仍有油脂的缺点。

2.3.7.2 主要技术指标

原料不需要进行渗糖及预干燥等处理，产品膨化率达到 115%，比现有膨化设备节能 35%。

2.3.7.3 投资规模

该项目以加工大枣 1 000t 为例，固定资产投资为 560 万元，其中设备

投资及安装费用360万元、建筑工程150万元、其他费用50万元，全年需流动资金200万元。

2.3.7.4 市场前景及经济效益

该项目有利于利用当地果蔬资源，促进地区农业经济发展，全面提高产品技术含量和市场竞争力，有利于解决大枣加工、苹果加工、蔬菜加工中的营养流失、含油脂较多、非天然、资源储存难等问题。并可以吸纳下岗及农村剩余劳动力，是农民脱贫致富的有效途径。有利于实施“一乡一业”“一村一品”的发展战略。

2.3.7.5 联系方式

联系单位：陕西农产品加工技术研究院

通信地址：陕西省西安市未央大学园区

联系电话：0578－2852136

电子信箱：luocx@ sust. edu. cn

2.3.8 高花青素杨梅酒生产技术

2.3.8.1 技术简介

以杨梅为主要原料，采用成分分离与组合技术，减少杨梅酿酒过程中花青素的损失，时杨梅酒花青素含量较一般发酵技术提高1倍以上。

2.3.8.2 主要技术指标

根据产品市场需求，规模可大可小。产品总花青素含量比传统发酵方法提高1倍以上。

2.3.8.3 投资规模

造价200万元（不含基建），流动资产500万元以上。

需要花青素提取纯化设备、酿酒设备、果酒灌装设备等。需要配套锅炉、制水等配套设施。

2.3.8.4 市场前景及经济效益

专利名称“一种提高杨梅酒花青素含量的方法”，申请号201210392290.X。

2.3.8.5 联系方式

联系单位：广东省农业科学院蚕业与农产品加工研究所

通信地址：广东省广州市天河区东莞庄一横路133号

联系电话：020-87236354

电子信箱：xuemingliu@21cn.com

2.3.9 微波—压差膨化纯天然苹果脆片加工技术示范推广

2.3.9.1 技术简介

以经济合理利用我国苹果等外果资源为目标，应用微波、减压脱水技术原理，可大规模生产和大量利用苹果资源，实用、节能、高效的“非油炸”脱水膨化加工新工艺、新方法；开发能够保持苹果营养成分、生鲜风味、口感酥脆，形态饱满、膨化均匀的苹果脆片新产品，以满足普通消费者对果蔬脆片食品营养、方便、天然、低脂肪、高膳食纤维的需求。

2.3.9.2 主要技术指标

果蔬膨化产品的得率一般为（10～15）∶1，而膨化产品与新鲜产品的市场销售价格比为（60～70）∶1，扣除生产成本，产品增值将达到原来的3～5倍，每吨鲜果增值1 000元以上。

2.3.9.3 投资规模

以设计年生产能力60t为例，总投资为525.45万元，其中建设投资189.4万元，流动资金336.05万元。项目投资利润率为24.25%，投资利税率为32.33%。财务内部收益率也为32.33%，产值利润率22.45%，投资回收期为3.09年。厂房540m^{2}以上，水电暖及蒸汽锅炉需配套。

2.3.9.4 市场前景及经济效益

1t鲜苹果加工成脆片可增值1 000元以上，1t成品消化鲜苹果原料

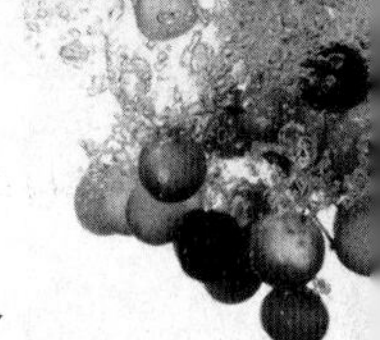

15t、产值9万元、利润2.28万元。目前已在庆阳宝源果蔬食品有限公司、甘肃长河食品饮料有限责任公司、正宁县金牛实业有限责任公司等3家企业实施转让（专利实施许可转让）投产，接产企业建成生产线4条，形成产能550t/年。

2.3.9.5 联系方式

联系单位：甘肃省农业科学院农产品贮藏加工研究所

通信地址：甘肃省兰州市安宁区农科院新村1号

联系电话：0931－7612282

电子信箱：Kang58503@163.com

2.3.10 太阳能热风干燥槟榔技术

2.3.10.1 技术简介

利用太阳能结合热风干燥装置，干燥槟榔。有效缩短干燥时间。节能环保，便于产业化操作。干燥产品比传统烘烤产品外观均匀、质量安全。

2.3.10.2 主要技术指标

（1）干燥槟榔比传统烘烤时间缩短2d。

（2）干燥的槟榔果质量好，价格每千克60元。每千克干果比传统烘烤产品高4元。

（3）年加工槟榔2 000t，年增产值800万元。

2.3.10.3 投资规模

造价300万元，流动资产投资180万元。

厂房3 000m^2以上。加热鼓风炉、传输带、运输车辆、选果机、蒸煮间、包装车间、测试检测室等。

2.3.10.4 市场前景及经济效益

项目技术在海南万宁、保亭等地试验推广，2011年采用本技术加工槟榔200t，新增产值80万元。

2.3.10.5　联系方式

联系单位：海南省农业科学院农产品加工设计研究所

通信地址：海南省海口市流芳路9号

联系电话：0898－65231209

2.3.11　不成熟苹果加工稳定浓缩清汁技术及产业化

2.3.11.1　技术简介

在我国浓缩苹果汁加工原料中，成熟度较差的苹果约占1/3以上；这种原料加工时超滤膜堵塞问题突出、树脂不能正常运行，严重干扰了生产平衡；生产的浓缩清汁质量不稳定，普遍存在褐变严重、二次沉淀现象。目前，行业内多采用直接加工成浓缩混汁，加工后期再返工的方法解决该问题。但混汁返工时大量耗水、耗能，对超滤通量、加工后成品色值稳定性还会有负面影响；同时每吨浓缩混汁返工时需加工费用至少600元，增加了浓缩苹果汁的生产成本，而且也无法从根本上解决果汁褐变和二次沉淀的问题，造成大量的到货色值投诉。

项目解决了不成熟苹果原料二次加工浓缩苹果清汁色值不稳定的技术瓶颈，实现了不成熟苹果原料直接加工稳定浓缩苹果清汁的技术飞跃。

2.3.11.2　主要技术指标

采用该技术可实现不成熟苹果直接加工稳定浓缩清汁，直接加工出的浓缩苹果汁色值>80（11.5Brix，440nm，T%）；98%以上批次无二次沉淀产生；0～4℃储存，日褐变量<0.05（11.5Brix，440nm，T%）；浊度（11.5Brix）在0.2～0.5NTU，部分果汁浊度低于0.2NTU。

采用该技术加工不成熟苹果每生产1t浓缩苹果汁可节省费用600元以上。

2.3.11.3　投资规模

采用该技术加工不成熟苹果每生产1t浓缩苹果汁需增加辅料120～

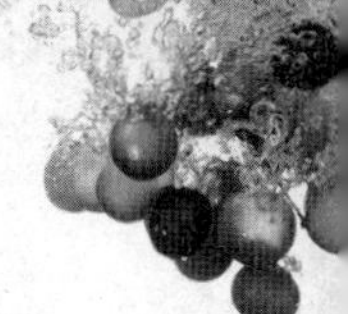

180 元。

2.3.11.4 市场前景及经济效益

该技术的产业化，是对现有工艺进行调整，设备投资低，易于在果汁生产企业推广，以降低生产成本，增强与国际同类产品的市场竞争力。

采用该技术加工不成熟苹果每生产 1t 浓缩苹果汁可节省费用 600 元以上，以全国每年有 15 万 t 浓缩混汁需要返工计，则可节省 9 000 万元的加工费用。

2.3.11.5 联系方式

联系单位：烟台北方安德利果汁股份有限公司

通信地址：山东省烟台市牟平经济开发区安德利大街 18 号

联系电话：0535－4762698

电子信箱：qukunsheng@ northandre. com

2.3.12 苹果芳香液低温浓缩生产技术

2.3.12.1 技术简介

天然苹果芳香液具有浓郁、典型的苹果清香，其独特的风味无法人工合成，是精细化工行业的重要资源，是食品、饮料、化妆品、化工等行业的重要添加剂，日益受到国际市场的青睐。我国每年可消化苹果 700 万 t 以上，可产生 1.75 万 t 苹果芳香液。苹果深加工过程中采取预蒸发提取方式提取苹果芳香物质，易产生煮熟等气味，或提香不彻底，回收的主香成分浓度普遍偏低，风味较差、能耗高，难以满足市场需求，造成了资源的极大浪费。

该项目将苹果加工过程中提纯的天然芳香液，在低温条件下，采用膜分离技术，除去大部分的水和一定量的乙醇，将苹果加工过程中得到的天然苹果芳香液浓缩提纯得到一种超高倍天然苹果芳香液并实现苹果芳香液的标准化生产。具有低能耗、主香成分基本无损失、浓缩倍数可随产品要求任意调整的特点，真正保留了纯天然的特性。

2.3.12.2 主要技术指标

苹果芳香液主香成分反式-2-己烯醛的含量达到200mg/L以上，产品质量稳定。

采用低温冷浓缩技术生产的超高倍香精售价以5 000元/t计。

2.3.12.3 投资规模

设备及配套设施55万元。

2.3.12.4 市场前景及经济效益

该技术设备投资低，运行成本特别是能耗方面节约80%以上，且操作简便，易于推广。

该技术在果汁加工业中推广，可实现苹果芳香液的综合利用，提高产品的附加值，能显著增加苹果加工业的经济效益，解决芳香液因达不到国际市场指标要求被废弃所产生的环境污染问题，并对我国苹果加工的资源综合利用起到示范带动作用，提高我国苹果加工行业的国际竞争力，具有很好的经济效益和社会效益。

2.3.12.5 联系方式

联系单位：烟台北方安德利果汁股份有限公司

通信地址：山东省烟台市牟平经济开发区安德利大街18号

联系电话：0535-4762698

电子信箱：qukunsheng@ northandre. com

2.3.13 苹果渣中提取果胶生产技术

2.3.13.1 技术简介

该成果的突出特点是：①解决了苹果渣生产果胶中的果胶液澄清问题，保证了果胶产品质量；②能够实现工业化，获取了实现工业化生产的相关参数，填补了苹果渣提取果胶工业化生产技术的研究空白；③设备选型实

现国产化，注重生产设备的国内选型与配套，确定了果胶生产设备国产化的选型方案。

2.3.13.2 主要技术指标

果胶生产成本约为5.8万元/t，出厂价在8.0万元/t，市场销售价在12万~13万元/t。

2.3.13.3 投资规模

投资预算以年产100t果胶，年生产250d。设备投资额658万元，基建投资额200万元，流动资金80万元，其他费用50万元。

所需动力条件电350kW、汽8t，所需厂房面积4 000m^2，总投资额988万元。

2.3.13.4 市场前景及经济效益

建一座年产200t果胶厂，企业年利润在440万元左右。

2.3.13.5 联系方式

联系单位：陕西农产品加工技术研究院

通信地址：陕西省西安市未央大学园区

联系电话：0578－2852136

电子信箱：chenxf@sust.edu.cn

2.3.14 微波—压差工艺生产纯天然苹果脆片专利技术

2.3.14.1 技术简介

纯天然苹果脆片以鲜食苹果等外果为原料，采用“微波—压差膨化”非油炸原创工艺，能够保持苹果营养成分、生鲜风味、口感酥脆，形态饱满、膨化均匀。可以满足普通消费者对果蔬脆片食品营养、方便、天然、低脂肪、低热量、高膳食纤维的需求，为目前替代有食品安全争议的“高

温油炸”食品的升级换代新产品。

2.3.14.2 主要技术指标

以生产1t苹果脆片效益分析为例，生产成本约6.7万元，售价约9万元，利税2.28万元。

2.3.14.3 投资规模

以年产60t苹果脆片生产为例，总投资约520万元，其中建设投资190万元，流动资金330万元。需要的生产厂房建筑面积约500 ㎡，需配置微波机组、膨化机组、清洗机、切片机、空气压缩机、全自动包装机、工业除湿机、水份快速测定仪、数显数控仪表及预处理设备及配套设施。

2.3.14.4 市场前景及经济效益

目前已在山西临猗特美食品公司、庆阳宝源果蔬食品有限公司、甘肃长河食品饮料有限责任公司、正宁县金牛实业有限责任公司等生产企业投产上市，累计生产苹果脆片2 070t，产值1.86亿元，实现利税约4 800万元。

产品生产核心技术为具有国内领先水平的原始创新成果，2008年获得国家发明专利授权（ZL200510042975.1），2009年获甘肃省科技进步二等奖。

2.3.14.5 联系方式

联系单位：甘肃省农业科学院农产品贮藏加工研究所

通信地址：甘肃省兰州市安宁区农科院新村1号

联系电话：0931－7612282

电子信箱：zhangym57@126.com

2.3.15 食用槟榔延缓返卤技术

2.3.15.1 技术简介

该项目技术实用性强，产品延缓返卤效果好，返卤时间延后25～30d。

该项目研究的食用青果槟榔延缓返卤控制技术，首创，居国内同类研究领先水平。

2.3.15.2 主要技术指标

本技术应用到生产实际时，不改变原生产工艺，只增加或改造一个涂膜工序。本技术设计思想新颖，能够把配方和工艺结合统一，实用性强，易于推广应用。产品返卤时间延缓25～30d。

2.3.15.3 投资规模

需根据实际情况确定。

2.3.15.4 市场前景及经济效益

已应用与大型现代化食用槟榔生产企业，提高产品附加值20%。

2.3.15.5 联系方式

联系单位：中国农业科学院农产品加工研究所

通信地址：北京市海淀区圆明园西路2号

联系电话：010－62815836

电子信箱：tangxuanming@ caas. cn

2.3.16 乳酸菌发酵苹果饮料制备工艺及其产品

2.3.16.1 技术简介

本专利以苹果为原料，人工接种高效乳酸菌发酵剂，在厌氧、中温、缓速条件下发酵，发酵后制得乳酸菌发酵苹果饮料产品，并做到综合利用，专利号：ZL200510045618.0。该技术防止了以往工艺中苹果褐变和营养物质损失，保持了苹果固有的营养成分，又赋予了乳酸菌发酵苹果特有的营养和风味；产品酸味柔和，香气纯正，不含任何香精、色素、化学防腐剂，是一种具有保健功效的高品质新型发酵纯天然饮料。

2.3.16.2 主要技术指标

发酵周期10～15d；pH值为3.0±0.2；活性、非活性苹果饮料苹果汁含

量≥30%、总糖（g/100g）≤12、总酸含量（g/100g）≥0.3，活性苹果饮料乳酸菌数≥6.0×10^{7}。

2.3.16.3 投资规模

建1条日产苹果饮料10t生产线造价180万元，流动资金100万元。

发酵间面积500m^2，苹果饮料车间面积均为800m^2，电力供应70kW。需配备前处理车间，加工车间，杀菌车间及库房，需1 t锅炉1座。

2.3.16.4 市场前景及经济效益

本项成果在一家加工企业推广，产品备受消费者青睐，市场前景广阔，经济效益、社会效益显著。该产品获得国家发明专利，专利号：ZL200510045618.0。

2.3.16.5 联系方式

联系单位：辽宁省农业科学院食品与加工研究所

通信地址：辽宁省沈阳市沈河区东陵路84号

电子信箱：lnyspjgs@163.com

2.4 其他水果加工技术与装备

2.4.1 无籽西瓜种子自动破壳机

2.4.1.1 技术简介

无籽西瓜种子的种皮较厚，存在种皮机械障碍，造成萌发困难且萌发一致性差。本发明改变了原来采用牙齿轻磕、钢丝钳轻夹或小刀斜削种脐两边进行破壳的人工破壳方式，生产效率高，劳动强度低，生产成本低，使用的人力成本大大降低。

2.4.1.2 主要技术指标

原有未破壳的种子发芽率仅为20%～30%，采用本办法破壳后的种子发芽率提高到90%以上。

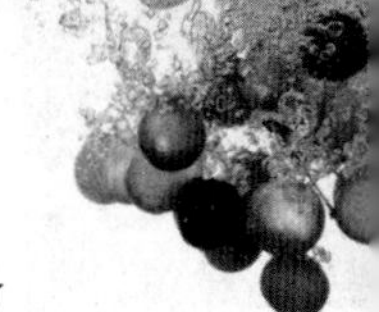

2.4.1.3 投资规模

由机架和安装于机架上的种子分级装置、种子破壳装置、排种装置、可调式装置及动力传动装置构成。

2.4.1.4 市场前景及经济效益

本发明可以自动完成对无籽西瓜苗培育中的无籽西瓜种子的破壳，有效提高生产效率，减轻劳动强度，降低生产成本。一经推广会提高劳动效率，经济效益显著。发明专利证书（专利号：ZL200710034769.5）。

2.4.1.5 联系方式

联系单位：湖南省农业科学院瓜类研究所

通信地址：湖南省邵阳市东大路 587 号

联系电话：0739－5233911

电子信箱：838079291@ qq. com

2.4.2 可食用抗冻纤维果生产技术

2.4.2.1 技术简介

拓展椰纤果作为食品基料在冷冻食品中的应用。通过对高纤椰果的改性处理，能够使椰果凝胶在 －32 ～ －18℃下，果肉的组织结果不改变且口感饱满，富有弹性，与冷饮产品结合，能赋予成品优越的内部质构和改善产品的口感。

2.4.2.2 主要技术指标

生产规模以中型为例：月产 100t，年产可达 1 200t 左右。每吨综合成本按 6 000 元计，出厂价以 1 万元/t 计，每吨产品可获利 4 000 元，年利润 480 万元。也可作为冰激凌、雪糕等生产厂家的配套技术生产。

2.4.2.3 投资规模

中型生产规模厂房面积 500m^2，流动资金 50 万～80 万元。

可作为冰激凌、雪糕等生产厂家的配套技术生产，主要生产设备：糖化锅、干燥箱、灭菌装置、锅炉、分光光度计以及实验室一般生化仪器等，满足食品 QS 的一般检验设备。

2.4.2.4 市场前景及经济效益

拓展椰纤果在食品领域中的使用范围，使椰纤果作为食品或食品基料在冰激凌、雪糕、汤圆等中广泛应用，中型规模企业每吨产品可获利 4 000 元，年利润 480 万元。

2.4.2.5 联系方式

联系单位：海南椰国食品有限公司

通信地址：海南省海口市秀英区白水塘扶贫开发区

联系电话：0898－68662059

电子信箱：yeguofood@126.com

2.4.3 机械化、连续化腰果加工技术

2.4.3.1 技术简介

项目设计开发出完善的腰果加工技术生产线，并具有自己的知识产权，而且在非洲市场深受欢迎。

2.4.3.2 主要技术指标

经过 2 年对工艺的优化改进，设计出年生产能力达到 3 000t 的腰果加工生产线，并在工厂推广使用。

2.4.3.3 投资规模

造价 1 800 万元，流动资金投入 500 万元。

需要 500m^{2}以上厂房，配备完善的水电装置及通风设备。

2.4.3.4 市场前景及经济效益

现已设计出年生产能力达 2 500t 的生产线，解决了传统腰果手工加工

效率低、生产成本高等问题，技术和设备出口尼日利亚等多个国家和地区，填补国内外空白，整体技术达到国际领先水平。

2.4.3.5 联系方式

联系单位：中国热带农业科学院农产品加工研究所

通信地址：广东省湛江市霞山区人民大道南48号

联系电话：0759-2224909

电子信箱：49031788@qq.com

2.4.4 板栗酒系列产品的开发

2.4.4.1 技术简介

板栗酒系列产品的开发包括金黄色、宝石红色和板栗白兰地3个板栗果酒系列产品的加工技术。板栗酒的外观澄清透明，酒精度为11度。

2.4.4.2 主要技术指标

年产500t板栗酒，销售收入为2 000万元，税收400万元。盈利1 000万元以上。

2.4.4.3 投资规模

造价约1 000万元，流动资产投资约200万元。需要厂房面积约1 000m^2，主要设备包括蒸汽发生器、打浆机、胶体磨、冷热缸、离心过滤机、发酵罐、贮酒罐、果酒过滤机、果酒灌装机、水处理设备。配套设施包括200t冷藏库设备。

2.4.4.4 市场前景及经济效益

在板栗的主要产区能够建立相应的板栗酒厂，酒厂规模为年产500t。销售收入为2 000万元，税收400万元，实现盈利1 000万元以上每年。

2.4.4.5 联系方式

联系单位：北京市农林科学院农业综合发展研究所

通信地址：北京市海淀区曙光花园中路9号

联系电话：010－51503604

电子信箱：tianjinqiang1971@163.com

2.4.5 核桃鲜果贮藏保鲜技术

2.4.5.1 技术简介

本技术特点在于：①防止了核桃鲜果贮期氧化哈败现象；②抑制了SOD酶（歧化酶）、POD酶（过氧化物酶）、CAT酶（过氧化氢酶）、脂肪酶、脂肪氧合酶的活性；③防治了核桃贮期病害。

核桃机械冷库贮藏采取了以下14个操作工序：

冷库准备→选择耐贮品种→确定采收期→采前处理→采收→短途运输→预冷→挑选、分级、真空包装→入库→贮期管理→确定贮藏期限→出库→长途运输→货架期管理。

核桃贮藏主要技术参数：①贮藏温度：(2±0.5)℃；②贮藏湿度：相对湿度85%～90%；③气体成分：塑料袋抽真空，当袋内 $O_2<2\%$，$CO_2>3\%$ 时要及时抽气；④放置核桃贮藏保鲜剂。

2.4.5.2 主要技术指标

核桃保藏期≥100d，商品果率≥95%，贮后核桃新鲜如初。

2.4.5.3 投资规模

建1 000t冷库60万元，贮藏费用每千克0.9元（冷库费0.2元，运费0.1元，包装费0.2元，人工费0.1元，保鲜剂0.3）。

2.4.5.4 市场前景及经济效益

在陕西省蓝田核桃基地示范应用该技术贮藏鲜核桃35t，利润26.0万元。

2.4.5.5 联系方式

联系单位：陕西师范大学

通信地址：陕西省西安市长安南路199号
联系电话：0578－2852136
电子信箱：youlinzh@ snnu. edu. cn

2.4.6 板栗连续炒制加工成套技术装备

2.4.6.1 技术简介

本项目主要技术内容是开发了板栗前处理及板栗深加工关键技术与装备，用于实现板栗从采后清洗、消毒、喷淋涂膜保鲜、分级、拣选、预冷、冷藏的前处理以及激光切口、连续自动化炒制、冷却、成品在线包装的深加工全过程机械化作业。项目研制的设备结构紧凑、自动化程度较高、操作简便，解决了板栗喷淋涂膜保鲜和板栗连续炒制加工的关键技术。项目获广东省科学技术奖励和广东省农业技术推广三等奖。

2.4.6.2 主要技术指标

（1）板栗清洗、消毒、喷淋涂膜保鲜设备。

生产率：500kg/h、1 000kg/h 和2 000kg/h 喷淋合格率：≥98%。

（2）板栗炒制机产量：50 kg/h，产品合格率：100%。

（3）连续式板栗炒制加工成套设备。

产量：250kg/h，产品合格率：100%，包装速度：2 883 袋/h。

（4）板栗激光切口设备产量：300kg/h。

2.4.6.3 投资规模

产量200kg/h 板栗清洗、消毒、喷淋涂膜保鲜设备；产量：250kg/h 连续式板栗炒制加工成套设备；产量：300kg/h 板栗激光切口设备；共造价262 万元；流动资产投资500 万元。

需要的厂房空间：30 000mm × 12 000mm × 5 000mm。配套设施：两套60t 板栗保鲜库、空气净化设备和100kW 电力设备。

2.4.6.4 市场前景及经济效益

通过项目实施，对板栗保鲜与加工行业的技术进步和板栗产业结构调

整有重大促进作用。项目技术将板栗鲜果保鲜期延长到10个月以上，使风味炒栗成为板栗深加工主导产品，带动了整个河源板栗行业发展，使其种植面积由2004年0.6万hm^2（9万亩）扩大到2009年1.33万hm^2（20多万亩），新鲜板栗售价由2.8～4元/kg提高到8～13元/kg。项目技术装备已经在6家企业得到应用，总计推广设备103台，通过深加工使企业新增销售额2.22亿元、上缴利税5 700多万元，保鲜减损3 600万元。因此，项目的实施已产生显著经济和社会效益，应用和发展前景广阔。

2.4.6.5 联系方式

联系单位：广东省现代农业装备研究所

通信地址：广东省广州市天河区五山路261号

联系电话：020－38481399

电子信箱：yjlqh@163.com

2.5 水果通用加工技术与装备

2.5.1 水果采后处理（清洗、打蜡、分级、包装）技术示范推广

2.5.1.1 技术简介

水果（包括柑橘、橙柚、苹果等）清洗、分级、打蜡、包装等采后处理是水果商品化生产的必需环节，也是进入国际市场的基本要求。具有保护果面，减少水分蒸发，防止微生物侵染，增加色泽、亮度、质感，改善外观，调节呼吸，延缓衰老，延长果蔬贮藏期和货架期，提高果蔬档次及市场竞争力的作用。

2.5.1.2 主要技术指标

可根据采后处理量选购设备，以GXF-14-1果品联合分选机械为例，处理能力4t/h；使用的伊源CFW果蜡2.5万元/t，可处理1 000t苹果。

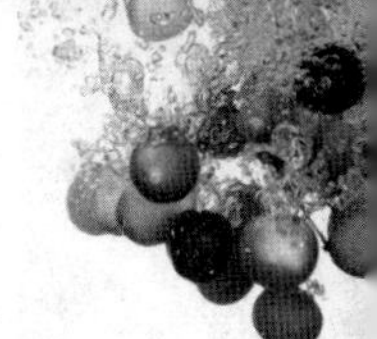

2.5.1.3 投资规模

采后处理设备（4t/h）每条18万~20万元，伊源果蜡2.5万元/t。需配套面积不小于40m×10m的厂房。

2.5.1.4 市场前景及经济效益

以甘肃省苹果产区为例，2007—2010年累计引进采后商品化处理生产线21套，年采后处理和贮藏能力达到11.06万t，处理后每吨苹果可增值600元以上；具有自主知识产权的伊源CFW果蜡产品年产100t，可处理水果10万t，已累计为果农和果品经营企业增收2亿元以上。

2.5.1.5 联系方式

联系单位：甘肃省农业科学院农产品贮藏加工研究所

通信地址：甘肃省兰州市安宁区农科院新村1号

联系电话：0931-7612282

电子信箱：Kang58503@163.com

2.5.2 农产品太阳能脱水干燥技术

2.5.2.1 技术简介

通过集成创新研发推出的以水为储热循环介质的"日光温室+高效集热器+湿差通风排湿"型太阳能果蔬脱水车间和"太阳能与湿差脱水技术"，可充分利用我国西部地区干燥空气资源，解决冬季、夜间及阴雨天的辅助加热问题，从而实现农产品的清洁生态型脱水干燥。适合干燥苹果、甘蓝、青红椒、胡萝卜、洋葱等特色农产品和中药材。与传统热风干燥相比节能率最高可达69.2%。

2.5.2.2 主要技术指标

以兰州市（太阳能辐射Ⅱ类区）建成使用的采光面积68m^{2}的车间为例，一次进料500kg，最热和最冷时段温度、脱水时间分别为75℃、36h和30℃、129h。

2.5.2.3 投资规模

面积为100m^2的该类型农产品太阳能脱水车间，工程造价为10万元左右（因地区不同差异较大）。

需原料与处理厂房约100m^2，需配备原料清洗、切分、漂烫等简单加工设备。

2.5.2.4 市场前景及经济效益

该技术已初步在在兰州、张掖、嘉峪关等地累计建成太阳能脱水车间3座，面积为1 653m^2；夏季晴天干燥室内最高温度75℃左右，干燥苹果片最短时间36h，粉丝烘干时间45min至3h，干燥甘蓝、青红椒、胡萝卜等蔬菜需72～144h，节能率近70%，与传统热风干燥组合干燥时，节能率可超过12.5%。累计生产粉条粉丝1 200t，生产脱水蔬菜310t，新增利润466.4万元，净利润405万元。

2.5.2.5 联系方式

联系单位：甘肃省农业科学院农产品贮藏加工研究所

通信地址：甘肃省兰州市安宁区农科院新村1号

联系电话：0931－7612282

电子信箱：Kang58503@163.com

2.5.3 精品水果气调贮运保鲜箱及其配套技术

2.5.3.1 技术简介

本技术可最大限度保持特有风味，并有效延长保鲜贮运期限，减少损耗等。主要特点有以下4方面。

（1）采用箱与膜、冷藏与气调相结合，革除了使用喷涂保鲜剂的保鲜方法，使果肉裸露的杨梅等浆果能在低温下保鲜15d，白枇杷、蓝莓等在低温下保鲜45～90d，保持原有自然成熟果肉的色、香、味。

（2）采用栅格提篮隔离架结构小立体包装，有效避免成熟果实挤压易

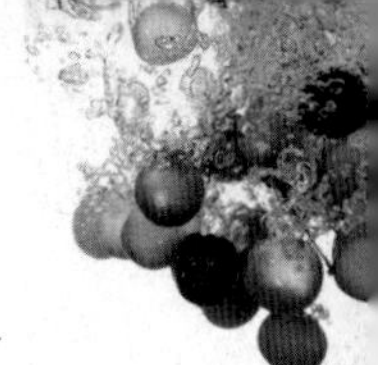

腐烂的难题并实现贮运一体化。

(3) 采用蓄冷技术，可实现出库中短途保鲜运输，扩大销售半径。

(4) 产品已获实用新型专利授权（专利号：ZJ201120232390.7），相关技术已申报发明专利（受理号：201110185174.6）。

2.5.3.2 主要技术指标

(1) 应用气调贮运保鲜箱及其配套技术，分别延长杨梅、白枇杷等特色水果保鲜期至15d、45d，好果率均不低于85%，保持特有风味。其中：杨梅肉柱饱满、硬度良好；白枇杷果形饱满、果肉乳白。

(2) 应用气调贮运保鲜箱及其配套技术，降低杨梅、白枇杷等特色水果损耗率10%。目前国内农产品因缺乏保鲜措施造成的特色农产品采后腐烂变质损失率达到20%～25%，而国外发达国家仅为5%。

(3) 应用气调贮运保鲜箱及其配套技术，解决杨梅、白枇杷等特色水果集中上市带来的市场价格瓶颈，平抑市场供应。

(4) 应用气调贮运保鲜箱及其配套技术，延长杨梅、白枇杷等特色水果货架期，大幅提高附加值。

2.5.3.3 投资规模

按产业化10t预测，需要100m^3保鲜库及预冷库各1个25万元；配气设备设施5万元；气调箱成本35元/个，每箱1.5～2kg，需气调箱5 000个，投资17.5万元；原料及蓄冷材料费投入约20万元，人工费10万元，燃动费约10万元，检测费约5万元及其他费用7.5万元。流动资产总投资为：100万元。

300m^2厂房1个，100m^2果蔬保鲜库及预冷库各1个、配气、冷冻设施、水电等能源设施、理化分析及配套办公设施等。

2.5.3.4 市场前景及经济效益

该技术已在宁波等地杨梅、枇杷产业基地应用示范，在风味保持、便携、保鲜贮运期延长等方面表现突出。目前已成功开展规模10t的杨梅、白枇杷等保鲜示范。以5t杨梅为例，产地价格20元/kg，保鲜15d后，商品率为

85%计，扣除人工、冷库等运行成本4元/kg，销售价格上升至100元/kg，新增经济效益30万元。

2.5.3.5 联系方式

联系单位：宁波市农业科学研究院农产品加工研究所

通信地址：浙江省宁波市江东区宁穿路6号桥

联系电话：0574－87926771

电子信箱：7924479@21cn.com

2.5.4 一种提高浓缩果汁稳定性的方法

2.5.4.1 技术简介

采用“梯度冷沉”技术工艺，解决浓缩汁贮存期间稳定性差的技术难题。使石榴浓缩汁透光率达到80%。采用复合酶技术，使石榴原料出汁率从30%～40%提高到45%～50%；从而大大提高产品收率和原料的利用，降低了单位产品生产成本。新工艺生产的果汁，在温度－18℃条件下，浊度（NTU）均控制在15以内，经过6个月的贮存，NTU的增加量仅在1以内。产品质量非常稳定，解决了长期困扰国际果汁加工业的后混浊技术难题。采用国际先进的低温浓缩设备，有效地保护了果汁中维生素C等及其他营养物质，产品具有原料本身的颜色和香气。技术专利号：ZL200710017933.1。

2.5.4.2 主要技术指标

建设特色石榴浓缩果汁生产线，实现年产特色石榴浓缩汁3 000t，建成特色浓缩果汁产业化基地。

2.5.4.3 投资规模

项目总投资3 828万元，其中，固定资产投资2 886.6万元。包括，土建工程费1 162万元，设备购置费1 412.9万元，工程建设其他费用76.1万元，预备费128.7万元，建设期利息106.9万元。流动资金投资941.5万元。

建设年产3 000t特色石榴浓缩汁生产线一条，配置相关生产设备。建

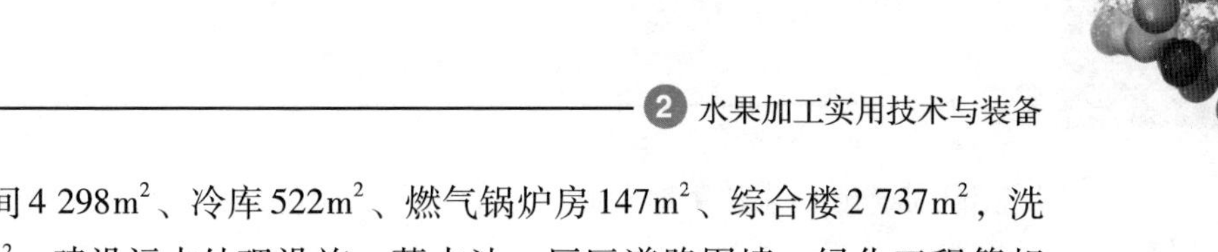

设生产车间 4 298m²、冷库 522m²、燃气锅炉房 147m²、综合楼 2 737m²，洗果池 270m²，建设污水处理设施、蓄水池、厂区道路围墙、绿化工程等相关配套设施。

2.5.4.4 市场前景及经济效益

年直接消耗石榴 36 000t，预计直接辐射带动农户种植石榴 0.27 万 hm^2（4 万亩）左右，农户实现石榴总收入 6 840 万元。项目年均销售收入 11 724万元，年均总成本费用 9 358.7 万元，销售税金及附加 53.3 万元，年均上缴所得税 578 万元，净利润 1 734 万元。

2.5.4.5 联系方式

联系单位：陕西赛德高科生物股份有限公司

通信地址：陕西省西安市科技二路西安软件园零壹广场 12F

联系电话：029-82318392

电子信箱：lixia8@163.com

2.5.5 热带亚热带水果高效节能干燥技术

2.5.5.1 技术简介

果干是一种加工方式简单、实用，能大规模处理采后水果的一种有效方式，目前热带亚热带水果果干市场产值在 100 亿元左右。果干制成品用途广泛，由于含糖量较高既可直接食用能满足部分消费人群的嗜好，又可作为原料加工其他产品。

项目单位针对热带亚热带果干以家庭燃煤为主、存在能耗高的产业问题，建立了适合含糖量高、易褐变的热带亚热带水果高温热泵节能干燥工艺技术，该技术同比传统热风干燥节能 30% 以上。

2.5.5.2 主要技术指标

处理 1 千克鲜果能耗约 0.2 元以下。

2.5.5.3 投资规模

10 万～30 万元每台设备，可根据班处理鲜果量设计干燥功率和设备外

形。只需避雨、平整用地及有足够的用电负荷。

2.5.5.4　市场前景及经济效益

目前已在广东地区推广三家果干加工企业，均已实现月处理鲜果100t以上，年增经济效益20万元以上。

2.5.5.5　联系方式

联系单位：广东省农业科学院蚕业与农产品加工研究所

通信地址：广东省广州市天河区东莞庄一横路133号

联系电话：020－87237279

电子信箱：wujijun@126.com

2.5.6　庭院式太阳能干燥技术示范推广

2.5.6.1　技术简介

庭院式果蔬太阳能干燥技术是采用自主研发的5HT-2农副产品太阳能干燥装置用于果蔬的洁净干制。其核心技术“非金属平板芯集热型太阳能干燥装置”2009年获得国家实用新型发明专利。专利号：ZL200720181850.1。该专利是一种以“BG”为心材构建的BG双波集热型太阳能干燥装置。其集热器可转动45度角富集太阳能，正午集热器的中心温度一般可高达90℃，干燥室的壁材为透红光的材质，干燥室中心温度可保持40～60℃，较室外高2～3倍。较传统太阳能法提高集热效率20%左右。

该太阳能干燥装置造价低、操作简单方便，日照正常条件下，不仅可缩短干燥时间20%～30%。而且产品卫生质量可提高2个数量级。特别适宜杏园的农户。

2.5.6.2　主要技术指标

5HT-2农副产品太阳能干燥装置于2010年通过新疆维吾尔自治区农机产品鉴定，检验号为：2010310002。干燥室一次装料（小白杏、明星杏）为72.6kg。杏干成品率为100%，优级品率为90%。

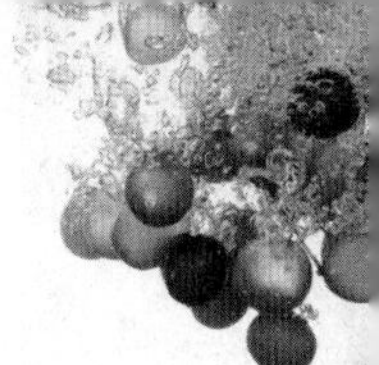

2.5.6.3 投资规模

造价：1 600 元；投资：50 000 元。

2.5.6.4 市场前景及经济效益

2005—2011 年，在新疆维吾尔自治区巴州轮台县、喀什地区泽普县、和田地区墨玉县、阿勒泰地区青河县 4 个地县开展杏、红枣、沙棘、花菜、辣椒的太阳能干制试验示范。通过开展集热型太阳能干燥装置和技术的示范与推广，快速提升了新疆干果（杏干、红枣）的品质和洁净性，缩短干燥周期，提高晒场利用率，防止虫、鸟、鸡和灰尘的污染对产品质量产生的不良影响，促进我区果树产业的健康发展和农民收入的稳定提高。

2.5.6.5 联系方式

联系单位：新疆维吾尔自治区农业科学院农产品贮藏加工研究所

通信地址：新疆维吾尔自治区乌鲁木齐市南昌路 403 号

联系电话：0991－4536708

电子信箱：zhq2010@ sohu. com

2.5.7 果汁中低温杀菌技术体系

2.5.7.1 技术简介

果汁是水果最主要的消费产品，常规的果汁加工通常采用超高温瞬时杀菌结合热灌装的生产技术，但对于某些热敏性果汁采用该技术容易导致风味劣变。

技术持有单位通过对环境微生物的综合控制，结合灌装环节的维果灵杀菌能实现在 100℃下杀菌和 30℃灌装。

2.5.7.2 主要技术指标

应用 500ml 维果灵成本 0. 12 元左右，可实现低温灌装，并提高产品品质，保证产品质量安全。

2.5.7.3 投资规模

果汁冷却系统15万元（每小时2t计）维果灵在线添加装置50万元。臭氧空气消毒器3 000元（100m^3空间），臭氧水发生器（5 000元）。

能在现有果汁饮料生产线基础上进行改造。

2.5.7.4 市场前景及经济效益

目前已在广东宝桑园健康食品研究发展中心示范应用。

2.5.7.5 联系方式

联系单位：广东省农业科学院蚕业与农产品加工研究所

通信地址：广东省广州市天河区东莞庄一横路133号

联系电话：020－87237279

电子信箱：wujijun@126.com

2.5.8 全果汁乳酸发酵关键技术

2.5.8.1 技术简介

果蔬汁乳酸发酵饮料是新兴的功能性食品，但全果汁乳酸发酵研发缺乏耐酸的特异乳酸菌、缺乏高效发酵新技术、缺乏发酵机理研究等。针对以上技术瓶颈，选育出益生性能好、耐酸及产香能力强的苹果酸—乳酸发酵（MLF）乳酸菌3株，率先研究明确其发酵机理、解析挥发性风味成分、评价抗氧化功能，研发出以甘蔗纤维为载体的细胞固定化（IC）半连续乳酸发酵关键技术，实现多元菌株配伍的全果汁乳酸发酵，缩短发酵周期至24h内。本技术特别适宜于富含苹果酸的水果。

2.5.8.2 主要技术指标

年产3 000t乳酸发酵饮料。

2.5.8.3 投资规模

厂房、设备等投资800万~1 000万元，流动资产投资：400万~500万元。

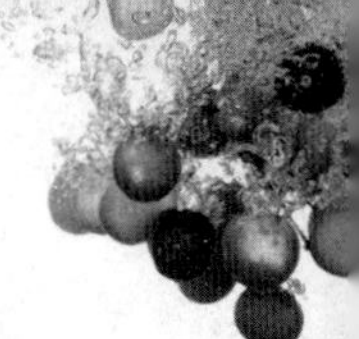

生产厂房2 000m^2、发酵罐、灌装线等。

2.5.8.4 市场前景及经济效益

该项目实现产业化后，以年生产水果发酵饮料3 000t计，年新增产值达4 000万元，创利润1 500万元。

2.5.8.5 联系方式

联系单位：福建省农业科学院农业工程技术研究所

通信地址：福建省福州市五四路247号省农科院高新大楼1413

电子信箱：lwx406@163.com

2.5.9 水果涂膜保鲜剂

2.5.9.1 技术简介

涂膜保鲜是在果实表面涂上一层高分子的液态膜，干燥后成为一层很均匀的膜，可隔离果实与空气进行气体交换，从而改善果实的硬度和新鲜饱满程度，并减少病原菌的侵染而造成的腐烂。辽宁省农业科学院食品加工所研制的水果涂膜保鲜剂具有双重缓释作用，保鲜期长，具有高效、无毒、无污染、无异味、使用方便、成本低等特点。可调控贮藏微环境中气体成分，抑制引起果蔬腐烂的灰霉病、青霉病、黑腐病和炭疽病等病菌侵染，降低酶活性，吸附贮藏过程中有害气体，抑制呼吸作用和氧化作用。水果涂膜保鲜剂的部分样品已投入市场，效果显著。

2.5.9.2 主要技术指标

2011年，辽宁全省水果总产量约为650万t，应用水果涂膜保鲜剂的水果占总全省总产量的百分之一，约6.5万t。以水果平均每千克1元计，每千克水果所用涂膜水果保鲜剂成本约合0.4元，每千克水果可获得0.6元的经济利润。全省应用水果涂抹保鲜剂所创造的经济效益为3 900万元，购买设备以及维护、运行、保养费400万元。综上，本项目所创造的经济效益达3 500万元。增加税收约1 000万元，同时可安排剩余劳动力及下岗职

工 3 000 人左右，人均年收入增加 5 000 元以上，经济效益和社会效益十分显著。经涂膜保鲜后的水果在常温下可提高保质期，结合低温贮藏，保质期可延长 3 ~6 个月，相关产品达到国家同类产品的质量标准。

2.5.9.3 投资规模

总造价 350 万元，其中，流动资金 120 万元。新建水果涂膜保鲜剂生产车间，面积 300m^2，分为前处理车间、加工车间及库房。

2.5.9.4 市场前景及经济效益

本项成果在辽宁省内外布点 10 余个开展应用，近年来，累计新增产值 150 万元。

2.5.9.5 联系方式

联系单位：辽宁省农业科学院食品与加工研究所

通信地址：辽宁省沈阳市沈河区东陵路 84 号

电子信箱：lnyspjgs@ 163. com

2.5.10 连续化冷加工制备高活性果粉

2.5.10.1 技术简介

技术的关键点是冷喷雾干燥工艺的连续化果粉冷加工技术，主要特点是解决目前传统热干燥工艺存在的产品功能因子失活的技术难题，具有加工效率高，生产成本低，产品品质优等特点。

2.5.10.2 主要技术指标

建设和装配日生产 1t 高活性果粉生产线，基建和设备费用总计 210 万元，年水电等运行费用 5 万元；可实现年增值额为 200 万 ~250 万元。

2.5.10.3 投资规模

厂房及生产线造价约为 300 万元，流动资金投资约为 200 万元，合计初期投资约 500 万元。

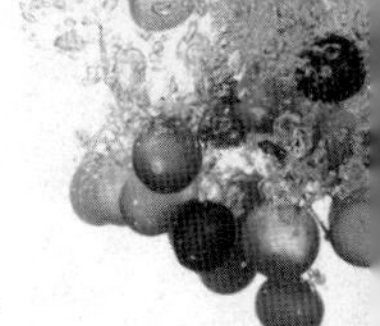

按日产1t的生产线计算，需厂房约1 000m^2，其中所需生产设备包括喷雾干燥塔、均质机、榨汁机、冷库、板框压滤机、辐照灭菌设备、真空充氮包装机等设备。

2.5.10.4 市场前景及经济效益

该技术现已应用于神秘果、油梨、蛋黄果、火龙果、菠萝蜜等果品，生产系列“高活性”果粉和果片及复配产品。

2.5.10.5 联系方式

联系单位：中国热带农业科学院农产品加工研究所

通信地址：广东省湛江市霞山区人民大道南48号

联系电话：0759-2582628

电子信箱：49031788@qq.com

2.5.11 全果汁乳酸发酵关键技术及饮料开发

2.5.11.1 技术简介

筛选出益生性能好、耐酸及产香能力强、能代谢苹果酸等有机酸的乳酸菌3株；研发出以天然纤维为载体的固定化细胞（IC）半连续乳酸发酵新技术及其装备；采用多元菌株配伍发酵，优选乳酸果汁饮料复合稳定剂，创制出高值化的乳酸发酵果汁饮料新产品。

2.5.11.2 主要技术指标

年产3 000t乳酸发酵果汁，产值可达4 200万元。

2.5.11.3 投资规模

本工程总投资为2 000万元。其中，固定资产投资1 600万元，流动资金400万元。项目需厂房8 000～10 000m^2；果汁加工相关设备和设施。

2.5.11.4 市场前景及经济效益

项目的实施，为乳酸发酵果蔬汁新产品研发提供了菌种和技术保证，

填补了市场空白，推动了果蔬饮料加工产业的技术进步。项目每年产生利润1 000万元。

2.5.11.5　联系方式

联系单位：福建省农业科学院农业工程技术研究所

通信地址：福建省福州市五四路247号

电子信箱：njgzx@163.com

3　蔬菜加工实用技术与装备

3.1　马铃薯标准化贮藏窖

3.1.1　技术简介

窖体分半地下和全地下两种类型，通常为砖混结构，保温处理可根据需要选择覆土或贴保温材料。窖顶分拱顶和平顶两种形式，对于平顶结构，需使用防滴草帘把冷凝水引到地面，防止贮藏物因浸湿而导致腐烂。窖内地面宜用素土夯实。保温门芯材用聚氨酯板，厚度≥100mm，密度（40±2）kg/m^3，阻燃B2级，严寒地区可适当增加保温板厚度或设计为双门；如遭遇多天极端低温气候，也可加挂棉门帘。窖内通风为下进上出，采用自然通风和机械通风相结合方式。自然通风通风口均匀排布3～4个，通风口间距和大小、多少依据当地气候情况设计；机械通风可选择强制进风或强制排风两种方式，地面应布置通风道或通风夹层，风机型号和风道尺寸按照每吨马铃薯100～200m^3/h的通风量选择。气候干燥、土壤沙质、收获季节气候适宜的地区采用低速通风；气候湿润、温差小、土壤黏湿、收获季节多雨的地区采用高速通风。窖内湿度较大，电线要选用符合国标的产品，要用绝缘导管安装，包装电气及元件安全。要有温湿度检测装置，也可加装温湿度、二氧化碳等在线高端检测设备。

3.1.2　主要技术指标

以60t马铃薯贮藏窖为例。设计贮藏量为60t，窖内地面面积为75m^2，窖内净容积为180m^3，根据覆土或增加保温材料等方式满足窖体保温，门芯材如采用聚氨酯板，厚度≥100mm，密度（40±2）kg/m^3，阻燃B2级，风机风量≥7 500m^3/h。

3.1.3 投资规模

以60t马铃薯贮藏窖为例。总造价60 000元，费用包括平整场地、挖土、填土、砌墙、混凝土垫层、现浇混凝土、钢筋Φ10以内、钢筋Φ10以外、保温门、沙子、石灰、垫层、模板、综合工日、水费、电费、综合脚手架、监控设备费、电气照明设备等。

3.1.4 市场前景及经济效益

自2012年农产品产地初加工补助项目开始实施以来，项目已在我国西北、华北和东北等地区援建了马铃薯标准贮藏窖3.6万座，新增储量约81万t，极大地改善了这些地区马铃薯的产后贮藏条件，在农户减损增收方面取得了显著成效。

我国薯类储运加体系尚未建立，贮藏和运输环节技术落后，设施装备性能较差，管理不规范，贮期损失可达10%～30%。按照平均15%的损失率计，通过该标准化贮藏窖的实施，可使薯类年损失率降低至6%，即相当于增产720万t；以2元/kg鲜薯计算，就可增收144亿元人民币，因商品薯质量提升而增加的效益尚未计算在内，经济效益非常可观。

3.1.5 联系方式

联系单位：农业部规划设计研究院

通信地址：北京市朝阳区麦子店街41号

联系电话：010－65923855

电子信箱：wxz3910@163.com

3.2 腊八蒜干法生产技术

3.2.1 技术简介

腊八蒜是我国大蒜传统加工食品，特色出口产品。但是传统的腊八蒜

生产技术均采用醋酸浸泡生产工艺，生产质量难以控制、卫生标准难以达标、生产成本高、生产周期30d以上，也不能工业化生产。

本项目技术生产简便，可以带皮或去皮气体熏蒸处理7～10d即可，香气浓郁、鲜脆，色泽鲜亮，生产成本降低60%以上。

3.2.2 主要技术指标

生产规模任意，一次性加工处理量1万～10万kg均可，而且不同批次质量控制一致，可以广泛地用于鲜食，烹饪原材料和衍生产品原料，产品效益率高达40%～50%。

3.2.3 投资规模

流动资金主要是大蒜原料费，不包括厂房，一般投资200万～300万元即可批量工业化生产。普通厂房符合食品厂卫生标准即可，除了商品成品包装设备，产品加工不需要特殊生产装备。

3.2.4 市场前景及经济效益

目前已完成小试、中试，还没有进行技术转让和批量生产。

3.2.5 联系方式

联系单位：天津科技大学食品学院
通信地址：天津市开发区13大街29号
联系电话：022－60601423
电子信箱：Lixihong606@163.com

3.3 胡椒快速脱皮技术

3.3.1 技术简介

筛选出胡椒高效脱胶菌，并进行发酵条件的优化，得到高效脱胶酶液。

经浸泡后，2d 可以脱除胡椒脱果皮。得到的白胡椒香味浓郁、无异味、质量好。

3.3.2 主要技术指标

（1）大大缩短了胡椒脱皮时间，由 7d 缩短至 2d。

（2）用该酶液浸泡得到的白胡椒价格每千克可增值 8～10 元。

（3）应用该技术生产白胡椒 5 000t，可增值 4 000 万元以上。

3.3.3 投资规模

总造价 800 万元，其中流动资产 200 万元。

厂房 6 000m^2以上，大型发酵罐机器配套装置 1 套，大型浸泡池、脱皮设备、干燥间、菌种保藏室、检测室等。

3.3.4 市场前景及经济效益

已在海南省琼海、文昌等地试验推广，2011 年采用本技术加工白胡椒 100t，新增产值 80 万元。

3.3.5 联系方式

联系单位：海南省农业科学院农产品加工设计研究所

通信地址：海南省海口市流芳路 9 号

联系电话：0898－65231209

电子信箱：Douhaohao2003@ yahoo. com. cn

3.4 速冻薯条成套加工技术与装备

3.4.1 技术简介

该套技术是加工速冻薯条（法式薯条）的全套设备及技术，马铃薯原

料通过清洗、去皮、切条、漂烫、调理、干燥、油炸、速冻等工艺制作成冷冻半成品，再通过二次的复炸成鲜嫩可口的薯条产品，产品品质与进口薯条一致。

3.4.2 主要技术指标

目前开发出系列的加工成套技术，成品产量在 150 ~ 1 000kg/h 的成套设备。原料与成品的比例在 1∶3 ~ 1∶4。

3.4.3 投资规模

以 500kg/h 的成品生产线为例，设备造价约为 600 万元，厂区及配套设备造价约为 500 万元（不含土地征用费用），流动资金 100 万元。

所需厂房面积 500m^2，原料库 2 000m^2，其他锅炉、电控室、办公楼、宿舍等厂区配套设备。

3.4.4 市场前景及经济效益

已推广投入使用数条该型生产线如：甘肃金大地、河北尚义等，此外 2016 年将出口一条该型生产线至非洲国家——尼日利亚。每吨产品可实现利润 3 000 ~ 4 000 元人民币。

3.4.5 联系方式

联系单位：中国包装和食品机械总公司
通信地址：北京市朝阳区德胜门外北沙滩 1 号
联系电话：010 - 64882508
电子信箱：xiangchaoyang@ 163. com

3.5 无明矾粉丝（条）生产技术

3.5.1 技术简介

用薯类淀粉、玉米淀粉加工的粉丝（条）是消费者喜爱的大众食品之

一，为了提高粉丝和粉条的耐煮性和韧性，在加工中常加入一定量的明矾，但是铝摄入过多会带来一系列的疾病。为了减少对人体的危害，重点研究无明矾粉丝（条）的生产技术，并改善其口感和性能。作为方便粉丝或家庭煮粉均可，产品可以出口到世界各国，达到世界各国的该产品技术要求。本技术已获得中国发明专利。

3.5.2 主要技术指标

每班产 2.5t，年产 2 000t；产值：6 000 万元，毛利 900 万元。

3.5.3 投资规模

每条生产线 200 万元（可以提供生产及规划设计）、厂房及辅助用房 300 万元。厂房 3 000m^2、2t 蒸汽锅炉、变压器 200kVA。

3.5.4 市场前景及经济效益

该技术已经转让给四川省、湖南省、浙江省、江西省等 10 余个厂家，国内示范产值为 5 亿左右，技术成熟，经济效益显著，2 ~ 3 年可以回报投资。

3.5.5 联系方式

联系单位：四川光友薯业有限公司
通信地址：四川省绵阳市高新区虹阳街 18 号
联系电话：0816 - 2544142
电子信箱：gypy86@ yahoo. com. cn

3.6 萝卜硫素生物合成工艺技术

3.6.1 技术简介

天然抗癌功能物质—萝卜硫素对食道癌、乳腺癌、肺癌、结肠癌等有

很好的防治效果，尤其是它能够杀灭导致胃溃疡和多数胃癌的螺旋幽门杆菌。对恶性肿瘤预防和辅助治疗具有积极意义。

本产品为胶囊和片剂。在国内首次采用酶法生物合成工艺技术，以提高花椰菜等芸薹属蔬菜的萝卜硫素的转化率为目的，利用富含萝卜硫素前体物质的花椰菜等芸薹属蔬菜，生物酶法加工得到高含量、高纯度的萝卜硫素产品，含量达到国际上开发的同类产品。

3.6.2 主要技术指标

萝卜硫素深加工项目（萝卜硫素生产）以年加工6%萝卜硫素干粉4 000kg产能为例，以生产6%萝卜硫素粗提物的美国产品60粒胶囊（1.8g萝卜硫素）售价24美元计算，原料销售收入可达300万美元，若作为功能添加成分加工成保健食品，效益更加客观。

3.6.3 投资规模

加工车间300万元，加工检测设备及配套设施1 200万元，流动资金500万元。保健食品生产车间、厂房；罐组逆流浸出器、真空浓缩机、冷冻设备、粉碎设备、萃取设备、反应釜、冻干设备、层析设备、真空干燥设备、无菌包装设备，检测加工等设备。

3.6.4 市场前景及经济效益

从花椰菜等芸薹属蔬菜中提取制备萝卜硫素技术的应用将有效地利用花椰菜等芸薹属蔬菜茎叶废弃物，提高资源利用率和农产品附加值，具有良好的生态效益、社会效益和经济效益。萝卜硫素作为第三代保健产品，以萝卜硫素样品（纯度98%以上）价格600元左右/mg计算，其产品的附加值极高，以保健食品的形式在市场销售（6%萝卜硫素）保守价格为2.5元/粒，目前，我国是胃癌的高发区，每年新发现40万胃癌患者，占世界胃癌发病人数的42%，按25%人群，每日服用2粒估算，销售收入将达到2亿元，经济效益十分显著。

3.6.5 联系方式

联系单位：上海市农业科学院

通信地址：上海市奉贤区金齐路1018号

联系电话：021-52235474

电子信箱：yiqiao2002@126.com

3.7 马铃薯自动分级技术与设备

3.7.1 技术简介

本机型采用旋转辊式分级方式，通过设置辊间距可以将马铃薯块茎分选成多个等级，有利于对鲜薯进行分级包装或销售，也可以针对马铃薯深加工用薯的要求进行分级分选，实现马铃薯的逐级增值。具有适合的分级空间，分级精度高；避免对分选原料造成表面损伤；设置有分级尺寸调节装置，方便尺寸调整及防止原料在辊间卡住等特点。

3.7.2 主要技术指标

外形尺寸：5 220mm×1 700mm×1 150mm。

产量：5~25t/h系列产品。

分级级数：2~5级可调。

辊杠输送速度：2.8~14r/min。

3.7.3 投资规模

以5t/h马铃薯鲜薯分级商品化包装生产线计算，项目总投资80万元，其中，建设投资（不含建设期利息）60万元，设备投资20万元，流动资金200万元。

生产线包括马铃薯储藏库、生产加工车间、成品储藏库及变配电等辅

助装置。生产车间内设备主要为马铃薯清洗机、马铃薯滚杠拣选机、马铃薯分级机、包装机等。厂区占地总面积5 000 m^2，其中厂房面积2 000 m^2。

3.7.4 市场前景及经济效益

马铃薯鲜薯分级商品化包装生产线全国已推广十余台套，该技术提高了马铃薯鲜薯销售的产品附加值，降低了生产人员成本。实际生产企业每处理5 000t，可新增效益高达15 万元。

3.7.5 联系方式

联系单位：中国包装和食品机械总公司
通信地址：北京市朝阳区德胜门外北沙滩1 号
联系电话：010－64882508
电子信箱：xiean@ caams. org. cn

3.8 净菜加工生产线及关键设备

3.8.1 技术简介

净菜加工生产线，采用国外净菜加工的设计理念，根据国内多个净菜加工生产线实践，设计研发了一系列净菜加工生产线。主要有：果类菜清洗加工专用生产线、叶状类蔬菜清洗加工专用生产线、根茎类蔬菜清洗加工生产线、切割菜加工生产线、斗式洗清消毒生产线、链式漂烫生产线、螺旋式漂烫生产线等。可按客户的生产规模和工艺要求进行设计，产品符合出口标准。生产线可满足多种蔬菜加工要求。

3.8.2 主要技术指标

系列生产线处理量20～400t/d。

3.8.3 投资规模

以20t/d净菜加工生产线计，生产线总投资900万元。其中建设投资1 500万元，流动资金800万元。

生产线主体包含预处理、清洗消毒、漂烫灭酶、切制包装等，冷库、厂房以及配套的锅炉、变配电等辅助装置。厂区占地面积6 000 m^2，厂区建筑物占地面积3 850 m^2，总建筑面积3 930 m^2。

3.8.4 市场前景及经济效益

净菜加工生产线及关键加工设备已经被数十家生产企业采用，该净菜生产加工技术，提高了生产企业规模的效益，减少了操作人员，降低了劳动强度，同时还降低了生产成本，经济效益可观。

3.8.5 联系方式

联系单位：中国包装和食品机械总公司

通信地址：北京市朝阳区德胜门外北沙滩1号

联系电话：010－64882508

电子信箱：cpfmcsc@163. com

3.9 马铃薯全粉成套技术与装备

3.9.1 技术简介

马铃薯全粉生产线采用蒸汽去皮、切片、漂烫、冷却、蒸煮、制泥、滚筒快速干燥等先进生产技术。该生产工艺具有能够保持马铃薯原有风味，可连续生产，降低去皮损失的特点。项目所采用的工艺技术，来源于国家科技支撑计划课题“薯类加工新产品技术装备研究及产业化开发”项目成果，具有自主知识产权，达到国内领先水平。马铃薯全粉在食品加工中以

主辅料的形式存在，因其独特的风味和特性得到了广泛的应用，国内市场需求总量在 10 万 t。

3.9.2 主要技术指标

马铃薯雪花全粉生产线拥有 100 ~ 1 000kg/h 产量系列生产线，可满足不同投资金额的客户需求。产品最终含水量低于 9%，保留马铃薯全部营养物质。

3.9.3 投资规模

以 800kg/h 产量生产线计，项目总投资 2 000 万元，其中，车间内设备投资 800 万元，其余为厂房基础建设等，流动资金约 2 000 万元。

生产主体包括原料清洗、去皮、漂烫、冷却、蒸煮、干燥、制粉等设备，以及配套高压锅炉、配电站、原料成品仓库等辅助设施。生产车间面积 1 000 m^2，厂区总面积 8 000 m^2。

3.9.4 市场前景及经济效益

马铃薯全粉成套技术与装备已经被国内外十余家企业采用，该技术在满足马铃薯全粉生产的同时完全替代进口设备，降低了马铃薯全粉加工成本。企业每加工 5 000t 全粉，可新增效益达 500 万元。

3.9.5 联系方式

联系单位：中国包装和食品机械总公司

通信地址：北京市朝阳区德胜门外北沙滩 1 号

联系电话：010 - 64882508

电子信箱：rclxy@ 163. com

3.10 甜菜机械化除杂装窖系统

3.10.1 技术简介

采用水流输送法，分离沙、石，自行研制并安装高压风力除膜、除草

系统，固定资产投资小，设备回报率高，节约劳动力，操作简单；使用自行研发的旋转式无堵塞连续除土设备和鼠笼式旋转尾根回收装置；对分离的土杂中的尾根进行回收，将除杂系统置于糖间生产系统之前，杜绝杂质对生产系统的影响；减少收购甜菜中的杂质，提高甜菜洗涤水的循环使用率，节约用水，减少固体垃圾排放。

3.10.2 主要技术指标

收购甜菜平均除杂预计 16%，较以往提高 2%，减少大量杂质进入生产系统；减少生产系统中的杂质造成的排污水费用；减少进入生产系统中的杂质造成的垃圾清运费用；减少人工卸车费用。按收购加工甜菜 29 万 t 计算，可通过除杂减少费用支出暨增加经济效益 216 万余元。

3.10.3 投资规模

项目共计投资 434 万元，主要用于场地改造、土建及购进设备，安装调试。

利用企业现有工作场地，结合场地的位置、整体布局即可实施。增加的设备主要是电动机、皮带机及相应的配电柜等材料。

3.10.4 市场前景及经济效益

全国制糖行业收购的甜菜中，杂质除尽率的提高将有力地减少企业的原料收购资金，并减少杂质在生产系统中增加的用水量，解决了甜菜制糖业劳动力使用最为密集迫切的困难，为甜菜收获的机械化发展，拉动甜菜制糖加工业与农业机械化产业的和谐发展。该项目在全国甜菜糖产区进行推广，均可产生较高的经济效益和社会效益。

3.10.5 联系方式

联系单位：新疆绿翔糖业有限责任公司

通信地址：新疆维吾尔自治区额敏县农九师朝阳区军垦路 525 号

联系电话：0901－3359040

电子信箱：gaoweijun74@ sina. com

3.11 甘薯淀粉加工废液中蛋白回收技术

3.11.1 技术简介

本技术以甘薯提取淀粉后的废液为原料，经过对离心、浓缩、变性以及喷雾干燥处理，最终得到蛋白含量超过60%的甘薯蛋白粉。通过本技术可以使甘薯淀粉加工废液中蛋白含量由最初的1.2%左右，降低到0.1%左右，大大减少了淀粉废液中的有机物含量，BOD和COD大幅度降低。提取得到的甘薯蛋白粉富含18种氨基酸及人体所必需的8种氨基酸，具有十分好的营养保健特性，具有降低血脂、增强免疫力、减少高血压发病率、延缓衰老和抗癌等功效。该技术在实现增加产品附加值同时，还能有效地缓解因蛋白排放所造成的环境污染。

研究表明甘薯蛋白质具有抗很高的营养价值和潜在的医疗保健作用，在预防癌症、抑制脂肪细胞增殖及肥胖方面具有显著效果；甘薯淀粉经蛋白回收后可大大降低废液中的有机物含量，在实现经济效益同时，缓解因蛋白排放所造成的环境污染。

3.11.2 主要技术指标

以处理甘薯废液30t/h的规模为例，年生产周期100d计算，可回收食用甘薯蛋白粉30t，以1.2万元/t计算，可实现年总产值约360万元。

3.11.3 投资规模

以处理甘薯废液30t/h的规模为例，设备投资约300万元，厂房建设及配套设施约100万元，流动资金300万元。

本项目所需的主要生产设备有卧螺离心机、框式压滤机、板式换热器、

喷射器、气流干燥机、包装机等以及各类附属设备，并根据生产规模建立一定规模的厂房。

3.11.4 市场前景及经济效益

甘薯淀粉加工过程中会排放出大量的废液，废液中主要成分为淀粉、糖类和可溶性蛋白等，这些废液的排放不但会增加企业的投入还会导致环境污染。甘薯蛋白作为一种具有较高生物活性和保健特性的新资源食品具有很广阔的市场开发前景。本技术可满足各种类型淀粉加工企业需求，废液处理量大，蛋白粉得率高，易于推广。

3.11.5 联系方式

联系单位：中国农业科学院农产品加工研究所

通信地址：北京市海淀区圆明园西路 2 号

联系电话：010－62816473

电子信箱：zhanbinbj@ 126. com

3.12 甘薯颗粒全粉生产技术

3.12.1 技术简介

本技术以新鲜甘薯为原料，经筛选、清洗、去皮、切片后在一定的条件下，将组成薯体的甘薯细胞完整的分解为若干单个甘薯细胞，并采用低剪切力、低挤压力的干燥方式干燥而得到的一种粉末状甘薯制品。该工艺主要特征为“一步热处理结合气流干燥”，改善了一般企业常用的加工工艺，大大提高了产品的品质。目前已掌握了甘薯颗粒全粉产业化过程中所需的各项关键技术，并成功地生产出具有白色、黄色和紫色等多种甘薯颗粒全粉产品。

甘薯颗粒全粉可以有效地保留住鲜薯中所有的营养和保健成分，而且

还赋予了甘薯颗粒全粉仓储特性好，加工利用途径广，复水后仍能与鲜薯的营养、风味和口感相比拟等优点。

3.12.2 主要技术指标

日产5t干粉的甘薯颗粒全粉生产线，依据品质，市售低细胞完整度甘薯颗粒全粉的售价为9 000～20 000元/t，即日产5t的甘薯颗粒全粉生产线日产值为3.5万～7万元/d，日利润可达1万～2万元/d，效益可观。

3.12.3 投资规模

日产5t干粉的甘薯颗粒全粉生产线，根据设备国产或进口的不同要求，主要设备投资范围为100万～400万元，流动资产约500万元。

本项目所需清洗、脱皮、切片、蒸煮、搅拌、干燥、筛分、包装等设备，并根据生产规模建立一定规模的厂房。

3.12.4 市场前景及经济效益

鲜甘薯难以长期仓储，不能满足广大消费人群常年食用甘薯的需求。甘薯颗粒全粉具有完整的细胞骨架结构，这不仅利于有效地保留住鲜薯中所有的营养和保健成分，而且还赋予了甘薯颗粒全粉仓储特性好，加工利用途径广，复水后仍能与鲜薯的营养、风味和口感相比拟等优点。因此，该产品能够充分迎合广大甘薯消费者的需求。此外，甘薯颗粒全粉的生产加工还具有设备投资少、操作简单、经济效益显著等优点。因此，可以认为甘薯颗粒全粉的生产加工极具市场前景。

3.12.5 联系方式

联系单位：中国农业科学院农产品加工研究所

通信地址：北京市海淀区圆明园西路2号

联系电话：010－62816473

电子信箱：zhanbinbj@126.com

3.13　甘薯膳食纤维及果胶提取技术

3.13.1　技术简介

废渣是甘薯淀粉加工过程中产生的主要副产物，一般情况下，被当作废物丢弃，造成环境污染。本技术以淀粉加工过程中产生的废渣为原料，经过对废渣的粉碎、调配、筛分、脱水、干燥等处理制备生成膳食纤维含量超过80%的甘薯膳食纤维粉；同时以再次通过酸提取、浓缩、沉淀、干燥得到高纯度的甘薯果胶（>80%）。本技术采用物理筛分与酸法相结合的工艺可从甘薯淀粉加工废渣中成功地制备出高纯度的膳食纤维及果胶产品，是变废为宝的举措。甘薯膳食纤维和果胶制备工艺简单，可操作性强，易于大规模推广应用，与同类商业化膳食纤维和果胶产品相比，甘薯膳食纤维和果胶产品性能优良，具有更优的物化特性，适合于作为食品添加剂、辅料或药品辅料大规模推广和应用。利用甘薯淀粉企业产生的废渣生产膳食纤维和果胶，缓解了甘薯淀粉厂因产生大量废渣而造成的污染问题，促进甘薯淀粉加工产业良性发展，增加企业效益。

3.13.2　主要技术指标

目前市场上同类膳食纤维粉价格约3万元/t，果胶价格约10万元/t，以日产5t甘薯干燥薯渣为例，每天可提取膳食纤维1t左右，果胶0.2t左右。甘薯膳食纤维及果胶制造技术成熟，可向企业直接转化。

3.13.3　投资规模

以日产5t甘薯干燥薯渣为例，项目设备及配套设施投资规额约为500万元，所需流动资金约200万元。

本项目所需的主要生产设备变速胶体磨、超细高剪切分散机、调频振动筛、自动卸料离心机、带式压滤机以及各类附属设备，并根据生产规模

建立一定规模的厂房。

3.13.4 市场前景及经济效益

膳食纤维和果胶具有较好的物化特性和保健功能，适合于作为食品添加剂、保健品或药品辅料大规模推广应用，因此这两种产品开发应用具有较广阔的市场前景。

3.13.5 联系方式

联系单位：中国农业科学院农产品加工研究所
通信地址：北京市海淀区圆明园西路2号
联系电话：010-62816473
电子信箱：zhanbinbj@126.com

3.14 紫甘薯浓缩澄清汁生产技术

3.14.1 技术简介

紫甘薯是一种富含紫甘薯花色苷的甘薯品种。该技术采用高效榨汁萃取分离技术，将具有鲜艳色泽的紫甘薯汁与甘薯淀粉进行分离，采用生物酶解技术对紫甘薯汁进行澄清，采用非热技术对甘薯澄清汁进行预浓缩。分离出的紫甘薯淀粉变性程度低、色泽佳，有利于同步生产甘薯淀粉。榨汁分离出的甘薯渣经干燥、粉碎后生产甘薯膳食纤维。紫甘薯浓缩澄清汁色泽鲜艳、加工稳定高、营养、健康、便于运输；紫甘薯原料利用率高、生态效益显著。

3.14.2 主要技术指标

年产1 000t紫甘薯浓缩澄清汁、2 000t紫甘薯淀粉、2 000t紫甘薯膳食纤维。投资利润率15%～20%，投资回收期5～7年。

3.14.3 投资规模

厂房设备固定投资3 000万元。

建设厂房6 000 m^2，主要设备包括原料蒸汽清洗脱皮机、破碎打浆机、离心筛、多级淀粉分离机、管式及板式巴氏杀菌机、超滤及纳滤膜机、碟片离心机、多效蒸发器、UHT杀菌机、无菌灌装机等，配套设施主要包括纯水设备、锅炉房、储料罐、暂存罐、无菌灌装车间等。

3.14.4 市场前景及经济效益

紫甘薯富含花色苷、绿原酸、异绿原酸等功能成分，具有抗氧化、护肝、缓解高血压等生理功能。基于紫甘薯的功能特性，紫甘薯加工产品越来越受到青睐。紫甘薯澄清汁营养成分丰富且外观色泽鲜艳，且紫甘薯花色苷是高度酰化的花色苷，与同类色素相比具有较好的光、热稳定性。紫甘薯澄清汁经浓缩，便于贮藏和运输，可广泛用于饮料、果冻、果酱、果脯、糖果、蛋糕、烘焙制品等。另外，紫甘薯浓缩澄清汁不同于传统紫甘薯色素纯化产品，其中，含有的糖类、氨基酸等物质更有利于紫甘薯色素的稳定。可以预期，紫甘薯浓缩澄清汁将成为食品加工业的重要原料之一。同时，该技术同步生产的副产物紫甘薯淀粉变性程度低、甘薯渣加工后生产的紫甘薯膳食纤维具有良好的保健功能，该技术充分利用了紫甘薯原料资源，并提高了产品附加值。

3.14.5 联系方式

联系单位：中国农业科学院农产品加工研究所

通信地址：北京市海淀区圆明园西路2号

联系电话：010－62816473

电子信箱：zhanbinbj@126.com

3.15　甘薯复合系列产品加工关键技术研究

3.15.1　技术简介

技术特点：甘薯原料利用率高，产品新颖，口感好，能够成形系列化产品，技术含量高。

产品特点：口感柔软筋道，甘薯香味浓郁，形态各异，色泽多样。

3.15.2　主要技术指标

产能：设计产能为日产 1t。

主要经济技术指标：原料利用率 >95%；产品水分≤20%，可溶性固形物 35% ~60%；成品率≥98%；无“三废”污染。

3.15.3　投资规模

项目需固定资产投资 100 万元，流动资金 100 万元。

项目建设需建设厂房 400m^2，2t 锅炉 1 台，隧道式烘烤房 2 洞，及其他配套设施共 70 万元。

3.15.4　市场前景及经济效益

以日产 1t 计算，消耗原料 3t，产值 1.5 万元，种植户收入 2 000 元/667m^2（1 亩），成本利润率 80%。

3.15.5　联系方式

联系单位：中国农业科学院农产品加工研究所

通信地址：北京市海淀区圆明园西路 2 号

联系电话：010 - 62816473

电子信箱：zhanbinbj@126.com

3.16 纯种发酵生产泡菜技术

3.16.1 技术简介

利用几种不同特性的乳酸菌进行纯种发酵蔬菜，生产具有愉快香甜味道的泡菜产品。通过原料和乳酸菌的不同配比生产不同口味的具有营养保健功能的益生菌泡菜。不添加非生物添加剂，利用具有保鲜功能的乳酸菌保证泡菜在一定的保质期内保证营养并能安全食用。

3.16.2 主要技术指标

小型企业可生产100t/年，销售收入可达300万元，原料成本为10%，去掉人工、场地和技术等费用，可实现纯利润100万～150万元。

3.16.3 投资规模

总投资200万元，流动资产投资100万元。

①生产车间；②无菌操作室；③原料和成品库房。

3.16.4 市场前景及经济效益

利用乳酸菌对人的保健功能，生产出方便、营养、安全和健康的蔬菜食品，同时为中小企业创造更多的利润。

3.16.5 联系方式

联系单位：山东省农业科学院农产品研究所

通信地址：山东省济南市工业北路202号

联系电话：0531－83179292

电子信箱：lxy2001mail@163.com

3.17 马铃薯抑芽保鲜技术

3.17.1 技术简介

马铃薯抑芽剂产品为粉剂和乳油两种剂型。粉剂型马铃薯抑芽剂是以多孔性、吸附性强、分散性好的凹凸棒为基料，将主效成分和助剂通过液化吸附等工艺制备而成。乳油型马铃薯抑芽剂以食品添加剂为溶剂、乳化剂和稳定剂，经过一定的物理化学方法复配而成。该抑芽剂在常温和低温条件下都能够有效地抑制马铃薯发芽，其抑芽效果与国外抑芽剂相近，平均抑芽率达95%以上，同时能保持马铃薯品质，降低马铃薯贮藏损失。

该技术产品已获国家发明专利授权，《一种马铃薯抑芽剂乳油》（专利号：ZL200810126369.1）和《一种马铃薯抑芽粉剂》（专利号：ZL200810180065.3）；该技术成果于2009年12月通过甘肃省科技厅组织的成果鉴定，达到国内领先水平。

3.17.2 主要技术指标

如果每年按生产50t马铃薯抑芽剂，抑芽剂售价按20 000元/t计算，那么每年可为企业创造100万元的产值，除去生产成本50万元，企业将获得经济效益50万元左右。

3.17.3 投资规模

以生产1t马铃薯抑芽剂粉剂为例，其原料和包装材料成本8 500元，水电人工费等1 500元，如果不包括建造厂房和宣传销售等费用，其流动资产投资约10 000元。

生产马铃薯抑芽剂的厂房面积要根据马铃薯抑芽剂的产能与生产线的自动化程度而定，所需设备主要有电子秤、粉料密封混合机、封口机、液体灌装机、粉剂定量包装机、电脑喷码机、手持式电动旋盖机、半自动圆

瓶贴标机等，配套设施包括抑芽剂生产过程中的质量监测设备，如液相色谱、酸度计、电子天枰等。

3.17.4　市场前景及经济效益

分别在甘肃省、新疆维吾尔自治区、山东省、贵州省等地累计示范抑芽剂30t，处理马铃薯超过8万t，产生的社会经济效益达2 000万元以上。

3.17.5　联系方式

联系单位：甘肃省农业科学院农产品贮藏加工研究所

通信地址：甘肃省兰州市安宁区农科院新村1号

联系电话：0931－7612282

电子信箱：tianshilong@ sohu. com

3.18　辣椒中有效成分高效分离技术

3.18.1　技术简介

本技术针对目前辣椒有效成分提取中存在的有机溶剂用量大、高温提取对辣椒红素、辣椒碱损失大、提取成本高等问题，重点解决了辣椒细胞破壁技术，强化有效成分溶出，研究了大孔吸附树脂对辣椒红素、辣椒碱的纯化技术，实现辣椒中的有效成分——辣椒红素、辣椒碱的低温、高效、低成本提取。

3.18.2　主要技术指标

年生产能力辣椒红素300t，辣椒碱5t；辣椒红素色价≥200；辣椒碱含量≥95%；提取率≥85%。

3.18.3　投资规模

本项目总投资2 000万元，其中设备及固定资产投资600万元，流动资

金 1 400 万元。

厂房面积 2 000m^2，辣椒红素、辣椒碱提取、浓缩、分离、干燥成套设备。

3.18.4 市场前景及经济效益

项目达到设计生产能力后，企业可实现年均营业收入 1.2 亿元，利润 4 800万元，项目投资回收期为 4 年。

3.18.5 联系方式

联系单位：重庆市农业科学院农产品贮藏加工研究所

通信地址：重庆市九龙坡区白市驿镇农科大道

电子信箱：gfhcqtea@163.com

3.19 藕带保鲜工艺研究与应用

3.19.1 技术简介

最大限度地保证了藕带的色泽和脆度，产品生产过程中没填加亚硫酸盐类物质等有害添加剂，食品安全性极好。

技术创新内容如下。

（1）对藕带的全程加工进行关键点设置和控制。

（2）首次得到专用于藕带保鲜的配方且效果显著。

（3）首次利用非热杀菌技术对藕带进行安全辐照处理，确定了最佳辐照剂量。

“藕带保鲜工艺研究与应用” 成果经过了湖北省科技厅组织的专家鉴定，项目对藕带品质与褐变条件进行了研究，在此基础上，开发了藕带保鲜技术，研制了专用保鲜剂及藕带保鲜系列产品。专家组一致认为该成果居国内领先水平，建议加快成果转化。

"清水藕带罐头的制备方法"（ZL201010228983.6）和"一种藕带保鲜剂及用其保鲜藕带的方法"（01010228981.7）获得国家发明专利授权，申请了1个国家发明专利、"一种泡菜藕带的制备方法"（201010228974.7）。

3.19.2 主要技术指标

藕带辐照保鲜技术和专用保鲜剂应用于藕带保鲜分别达120d和180d，并在企业开展了应用。

3.19.3 投资规模

视生产规模的大小，厂房投资在150万~300万元，流动资金在150万元左右。

厂房面积不低于2 500m^2，需净菜生产线设备和高温冷库。

3.19.4 市场前景及经济效益

农户提供给企业的藕带每千克在10元以上，每千克可藕带加工3袋（每袋245g净重），每袋出厂价在10元左右。企业自身经济效益和社会效益都十分巨大。

3.19.5 联系方式

联系单位：湖北省农业科学院农产品加工与核农技术研究所

通信地址：湖北省武汉市洪山区南湖大道5号

电子信箱：920025354@ qq. com

3.20 莲子膨化食品的制作方法

3.20.1 技术简介

革新传统莲子的加工方法，使莲子食用方法更为休闲和方便。

创新内容：

根据莲子淀粉特性，采取重组化技术解决莲子难以膨化问题；有效保存莲子活性成分及营养；加工产品水溶性提高 20% 以上、吸水性提高 10% 左右、消化吸收率提高 10% 以上，风味独特、食用方便。

“莲子膨化食品及其制备方法”（ZL200810047011. X）获得国家发明专利授权。

3. 20. 2 主要技术指标

莲子膨化产品的水溶性指数 23. 6，吸水性指数 550. 2，消化吸收率 89. 6%，产品加工增值率 90%。

3. 20. 3 投资规模

厂房和设备投资额 400 万 ~1 000 万元，流动资金在 100 万元左右。

厂房面积在 1 500m^2 以上，主要是需要膨化生产线。

3. 20. 4 市场前景及经济效益

该技术在湖北省莲子产区的企业进行了示范推广，投资利润率 20% 左右，投资回收期为 2. 5 年，取得了较好的经济效益和社会效益。

3. 20. 5 联系方式

联系单位：湖北省农业科学院农产品加工与核农技术研究所

通信地址：湖北省武汉市洪山区南湖大道 5 号

电子信箱：920025354@ qq. com

3. 21 无硫护色生鲜净菜莲藕技术

3. 21. 1 技术简介

最大限度地保证了莲藕的色泽和品质，产品生产过程中没填加亚硫酸

盐类物质等有害添加剂，食品安全性极好。创新内容：

（1）项目使用的杀菌剂、护色保鲜剂无含硫成分，是一种新型、安全、高效的保鲜技术，保障了消费者身体健康和莲藕的出口创汇。

（2）无硫护色生鲜净菜莲藕保鲜技术2003年通过了湖北省科技厅组织的专家鉴定，主要是针对我国目前莲藕保鲜加工中由于SO_2超标影响消费者身体健康和制约莲藕出口而研制的新技术。省级专家组一致认为该项目使用的杀菌剂、护色保鲜剂无含硫成分，是一种新型、安全、高效的保鲜技术，其研究水平居国内同类领先地位。“一种水生蔬菜保鲜剂”（ZL200710052848.9）获得国家发明专利授权。该技术获得了湖北省科技发明二等奖、教育部科技进步二等奖和湖北省科技进步三等奖。

3.21.2 主要技术指标

在真空包装0~5℃贮藏条件下，生鲜净菜莲藕保鲜期达到60~90d，在5~15℃条件下，保鲜达到45d。

3.21.3 投资规模

视生产规模的大小，厂房投资在100万~300万元，流动资金在100万元左右。厂房面积不低于2 500m^2，需净菜生产线设备和高温冷库。

3.21.4 市场前景及经济效益

该技术在湖北省莲藕产区的企业进行了示范推广，投资利润率15%左右，投资回收期为3年，取得了较好的经济效益和社会效益（带动农民致富作用也十分明显）。

3.21.5 联系方式

联系单位：湖北省农业科学院农产品加工与核农技术研究所

通信地址：湖北省武汉市洪山区南湖大道5号

电子信箱：920025354@ qq. com

3.22 金针菇深加工关键技术

3.22.1 技术简介

该项目引进超微加工技术，生产粒度为200～300目食品级金针菇超微粉，产品为淡黄色，具有金针菇应有的气味，无焦糊味，无异味，水分含量4%左右，蛋白质含量8%左右，活性多糖含量10%左右，在常温下保质期可延长到1年左右。

生产的超微粉碎金针菇粉，可用于面条、面包、馒头等的配料；提取活性多糖，用超微金针菇粉提取活性多糖，可极大地提高多糖的得率。

3.22.2 主要技术指标

项目总投资250万元，计划建立1套日产1t的金针菇超微粉生产线，实现年销售收入500万元左右。

3.22.3 投资规模

该项目每套生产成本约150万元，需要流动资金约100万元。

机械设施需要的厂房约1 000 m^2，设备包括清洗、切分、烘箱、粗粉碎、超微粉碎、包装等设备。

3.22.4 市场前景及经济效益

该技术已在济阳县金宝金针菇种植专业合作社得到推广应用，累计取得经济效益约300万元。

3.22.5 联系方式

联系单位：山东省农业科学院农产品研究所

通信地址：山东省济南市工业北路202号

联系电话：0531－88960332

电子信箱：cywwl@163. com

3. 23　即食食用菌休闲食品加工技术

3. 23. 1　技术简介

该技术采用杀青、预煮、脱水、调味、包装和杀菌等方法研制生产即能充分保持食用菌食用功效及外形特征，又赋予产品色、香、味，且含油量低，食之无油腻感的食用菌休闲食品。使季节性强、难于保鲜、风味独到、营养全面、保健功能强的食用菌成为新一代时尚、独具特色风味、方便即食的休闲产品。

3. 23. 2　主要技术指标

年生产能力开袋即食食用菌休闲食品 1 000t；产品达到国家相关技术标准。

3. 23. 3　投资规模

该项目总投资 1 400 万元，其中，设备及固定资产投资 500 万元，流动资金 900 万元。

厂房面积 2 000m^2，休闲食品原料贮藏库房、分级、预煮、脱水、调味、包装和杀菌等成套设备。

3. 23. 4　市场前景及经济效益

项目达到设计生产能力后，企业可实现年均营业收入 9 000 万元，利润 2 600 万元，项目投资回收期为 4 年。

3. 23. 5　联系方式

联系单位：重庆市农业科学院农产品贮藏加工研究所

通信地址：重庆市九龙坡区白市驿镇农科大道

电子信箱：gfhcqtea@163.com

3.24 双孢蘑菇采后减损关键技术集成与示范

3.24.1 技术简介

双孢蘑菇是我国主栽食用菌种，80%以上被用于出口创汇。但每年因采后处理不当或保鲜技术设施落后，双孢蘑菇采后贮运过程损失高达30%以上。建立双孢蘑菇采后质量控制的贮运减损集成技术是当务之急。

（1）研制了一种绿色、高效的双孢蘑菇复合生物保鲜剂，对双孢蘑菇采后酶促褐变具有显著抑制效果。

（2）建立了基于负压渗透与自发气调相结合的双孢蘑菇贮藏保鲜处理工艺体系，对双孢蘑菇采后生理生化进程有调控作用，能有效延缓双孢蘑菇的衰老。

（3）开发了一种双孢蘑菇采收贮运专用配套设施，能最大限度减少双孢蘑菇在采、贮、运过程中造成的机械损失，并有效提升贮运过程保鲜效果。

3.24.2 主要技术指标

产能：生产规模任意，但需和当地的预冷能力配套。

技术指标：使双孢蘑菇采后褐变度减轻30%以上，水分含量保持在85%以上，双孢蘑菇贮藏保鲜期延长1～2d，降低双孢蘑菇采后褐变、开伞及腐烂等品质劣变损失18%以上，使其贮藏保鲜期延长3～5d。

3.24.3 投资规模

根据自动化程度的高低，设备造价50万～300万元。

厂房根据生产规模的大小而定，$100m^2$左右。还需冷库等配套的保鲜设施。

3.24.4 市场前景及经济效益

该技术成果正在示范推广中。

3.24.5 联系方式

联系单位：河南省农业科学院农副产品加工研究所

通信地址：河南省郑州市金水区花园路116号

联系电话：0371-65747261

电子信箱：zgwang1999@126.com

3.25 食用菌保鲜剂

3.25.1 技术简介

本项技术提供了一种无任何副作用的食品保鲜剂，尤其适用食用菌的保鲜，利用硅酸铝和次磷酸配制而成，对香菇和平菇有较好的保鲜效果，对鸡腿菇、草菇、金针菇等亦有明显的保鲜作用。应用该技术在24~30℃条件下食用菌可保鲜30d、保质90d。该技术已申报发明专利，申请号（01106078.6）。

3.25.2 主要技术指标

此保鲜剂具有去除导致食用菌鲜度下降的醛、醇等气体的功能，还有抑制贮藏中的食用菌微生物繁衍，防止发霉和腐烂的功能。

我国是食用菌生产大国，品种繁多，包括香菇、平菇、鸡腿菇、草菇、金针菇等，食用菌保鲜剂市场需求量巨大。本项技术提供了一种无任何副作用的食品保鲜剂，尤其适用食用菌的保鲜，利用硅酸铝和次磷酸配制而成，具有无挥发成分，无异味，无残留，对食用菌不会产生不良影响的优点。可增加收益30%~50%，经济效益和社会效益十分显著。

3.25.3 投资规模

总造价150万元，其中，流动资金80万元。

食品标准厂房面积200m²，电力供应20kW。设备包括热风干燥箱、研磨机、包装机等设备。

3.25.4 市场前景及经济效益

本项成果在辽宁省多个食用菌专业合作社开展应用，2010年新增产值300万元。

3.25.5 联系方式

联系单位：辽宁省农业科学院食品与加工研究所

通信地址：辽宁省沈阳市沈河区东陵路84号

电子信箱：lnyspjgs@163.com

3.26 香菇柄综合利用关键技术及产品开发

3.26.1 技术简介

采用超微粉碎、复合酶解、闪式提取等先进实用技术对香菇柄进行处理，结合中医药食和风味化学理论进行复配，开发出具调理肠胃功能的“菌多糖膳食纤维胶囊”和兼具菌菇风味及营养的系列菌类调味品“香菇精”“香菇鸡精”“香菇虫草精”。

3.26.2 主要技术指标

“菌多糖膳食纤维胶囊”可采取委托加工方式，根据市场需求产能2 000～10 000瓶/d，产品中菌多糖含量≥10%，膳食纤维含量≥20%；菇精调味料产能1t/d，产品包括香菇鸡精、香菇精、香菇虫草精低、中、高3

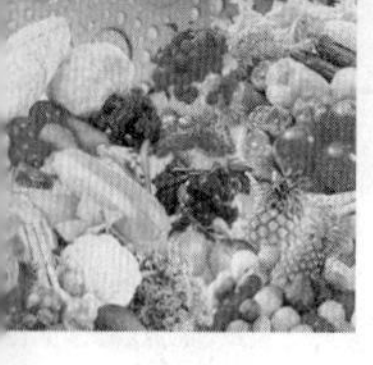

个档次，均符合国家行业标准，其中香菇精中香菇含量≥10%，香菇虫草精中北虫草含量≥1%。

3.26.3 投资规模

菇柄预处理生产线1条，造价50万元；菇精调味料生产线1条，造价100万元；生产车间投资100万元；加流动资产总投资合计300万元。

标准食品生产车间面积约1 000m^2，还需多功能超微粉碎机、酶解罐、闪式提取器、多级闪蒸、离心机、混合机、制粒机、流化床干燥等设备及配套设施。

3.26.4 市场前景及经济效益

“菌多糖膳食纤维胶囊”已制定企业标准，并进行了临床调查和试销，临床研究表明：该产品对便秘、慢性腹泻、胃胀、消化不良等慢性胃肠道疾病的总效率达到78.9%。“菇精系列调味品”也已经完成了中试和试生产，市场反响良好。

3.26.5 联系方式

联系单位：湖北省农业科学院农产品加工与核农技术研究所

通信地址：湖北省武汉市洪山区南湖大道5号

电子信箱：highong@163.com

3.27 复合酶解法制备香菇多糖与即食食品一体化技术

3.27.1 技术简介

采用生物复合酶解技术，超滤澄清技术，超高温瞬时灭菌技术，以及真空卤制技术，复合呈味技术，微波干燥技术等现代食品加工技术工艺，创制高品质香菇多糖饮品和香菇即食食品，构建香菇功能饮品及即食食品

一体化加工技术体系，实现加工原料零废弃。已取得 2 项国家发明专利。

3.27.2 主要技术指标

根据市场需求定产能，产品符合国家相关食品卫生标准，饮品香菇多糖含量≥50mg/100g。

3.27.3 投资规模

生产设备投资约 200 万元。

多功能提取罐、酶解罐、高速式离心机、混合罐、全自动无菌灌装设备、高压灭菌器等。

3.27.4 市场前景及经济效益

目前已在湖北省企业进行示范应用。

3.27.5 联系方式

联系单位：湖北省农业科学院农产品加工与核农技术研究所

通信地址：湖北省武汉市洪山区南湖大道 5 号

电子信箱：Lilu2662@ 163. com

3.28 珍稀菇大杯蕈周年栽培及产品加工技术

3.28.1 技术简介

大杯蕈，又名猪肚菇，是一种营养丰富、风味独特的珍稀食用菌。该技术成果从大杯蕈生产存在的实际问题出发：①以低商品价值的大杯蕈菇柄副产物为原料，采用现代食品加工技术，开发了富含膳食纤维、蛋白质、矿物质等营养成分的“菇纤维饼干”“葛菇粉丝”等膳食营养食品。②采用环保、实用、构造简单、热效能均匀、节能可调的热风炉加温装置，确保大杯蕈在福建冬季正常出菇，实现大杯蕈周年栽培生产，为利用菇柄加工膳食食品提

供丰富的原料。③以园林绿化废弃枝桠、紫杉醇提取后的红豆杉废渣和作物秸秆替代木屑和棉籽壳栽培大杯蕈，可节省原料成本10%，提高生物效率5%，降低周年生产中出现的栽培袋污染率，提高经济效益。

3.28.2 主要技术指标

可充分利用大杯蕈菇柄副产物，提高菇柄附加值50%以上，利用废弃资源栽培大杯蕈，可节省栽培生产成本10%以上。

3.28.3 投资规模

300万元。大杯蕈菇柄食品需要饼干、粉丝等食品生产厂房与设施，大杯蕈周年栽培需具有食用菌栽培相关配套设施。

3.28.4 市场前景及经济效益

该技术成果利用大杯蕈菇柄研制的“菇纤维”营养饼干和“葛菇粉丝”营养膳食产品已在企业示范推广，取得了良好经济效益。大杯蕈周年规模化栽培已在福建省漳州、龙岩等地推广，有效解决生产淡季问题，调节市场供应，同时降低栽培生产成本，极大促进了大杯蕈产业的可持续发展。

3.28.5 联系方式

联系单位：福建省农业科学院农产品加工研究中心

通信地址：福建省福州市五四路247号

联系电话：0591-87869193

电子信箱：junchencc@sina.com

3.29 富硒秀珍菇菌粉制备技术优化及应用

3.29.1 技术简介

本技术采用筛选的富硒菌株秀珍菇Xj-1，通过液体深层培养，将无机

硒转化为安全、更易人体吸收的有机硒（食用菌菌蛋白硒）。本专利富硒食用菌液体发酵具有生长周期短、硒转化效率高、易于工厂化控制、环境友好型技术等优势，具有较好的产业化发展前景。目前利用本专利技术已研制出了“富硒葛苓羹”“富硒肉松”“富硒肉脯”“富硒豆腐皮”等富硒功能营养产品，部分产品已进行产业化生产。

3.29.2 主要技术指标

秀珍菇 Xj-1 对微量元素硒具有吸收转化的富集优势，菌株液体培养对无机硒的安全转化阈值相对较窄（即无机硒投入量为 3.0 ~ 5.0mg/kg），提高食用菌生物富硒产品的应用安全性；而所得富硒菌粉中的蛋白硒含量较高（有机硒含量 >100mg/kg，可以作为富硒食品添加剂），硒生物转化效率 >65%。

3.29.3 投资规模

500 万元。需具备食用菌发酵所需的生物发酵罐等相关配套设施。

3.29.4 市场前景及经济效益

该专利技术生产的富硒秀珍菇菌粉不仅可作为具有特殊保健的功能性食品，还可作为食品添加剂，可应用在肉制品、饮料、奶粉、饼干等食品领域，具有广阔的开发前景。

3.29.5 联系方式

联系单位：福建省农业科学院农产品加工研究中心

通信地址：福建省福州市五四路 247 号

联系电话：0591 - 83839006

电子信箱：hsh87@ hotmail. com

3.30 大球盖菇黄酮类化合物研究与产品深加工技术开发

3.30.1 技术简介

本技术成果针对大球盖菇加工存在的问题：①优化了大球盖菇黄酮类化合物的提取工艺，提取率达到5‰以上；研究了大球盖菇黄酮类化合物的体外抗氧化性和抑菌性，为大球盖菇精深加工产品开发提供技术支撑。②以大球盖菇为主要原料，研制出大球盖菇“菌蛋白”营养饼干，该产品蛋白质含量达100g/kg以上，富含菌蛋白、氨基酸、以及钙、铁、锌、硒等有益矿物质，适应市场对多元化食用菌深加工产品种类的需求。

3.30.2 主要技术指标

大球盖菇黄酮类化合物提取率达到5‰以上，大球盖菇营养饼干蛋白质含量达100g/kg以上，含有人体所需的18种氨基酸，是一种富含食用菌蛋白和多种对人体有益微量元素的功能营养休闲食品。

3.30.3 投资规模

300万元。活性物质提取、饼干生产相关配套设施。

3.30.4 市场前景及经济效益

本技术成果以大球盖菇开发的“菌蛋白”营养饼干产品，促进了大球盖菇产品增值，为企业创造了产值500多万元，取得了良好经济和社会效益。

3.30.5 联系方式

联系单位：福建省农业科学院农产品加工研究中心

通信地址：福建省福州市五四路247号

联系电话：0591-87869193

电子信箱：junchencc@sina.com

4 果蔬综合加工技术与装备

4.1 太阳能农产品干燥技术与设备

4.1.1 技术简介

该技术与设备将太阳能集热技术和农产品干燥技术结合起来，以清洁的太阳能为主，电或热泵为辅助（夜间低谷用电）加热，采用混联式太阳能集热方式、气流双循环烘干模式和 8 段变温变湿烘干参数控制模式，可对条、块、粒、片等各种形态的葫芦条、辣椒、红枣、枸杞、葡萄、豆角、玫瑰花等农产品进行干燥。具有操作方便、自动化程度高、干燥品质好、节能无污染等特点，是农产品烘干的理想技术设备。

4.1.2 主要技术指标

根据物料处理量的不同装备可以分为 1t、2t 和 5t 3 个型号。该装备采用多个时间段控温控湿制干技术工艺，采用了 8 段变温变湿烘干参数的自动控制系统，烘干过程全程自动化，无须人员看管。根据物料的不同，烘干时间不尽相同，枸杞鲜果烘干一般在 24h 左右，核桃 30h，玫瑰花 15h，叶菜类、辣椒等烘干时间一般为 5 ~ 7h。以太阳能干燥技术装备一次处理 5t 鲜辣椒来计算，每年 6 个月时间使用设备，干燥辣椒时间 2d 来计算，每年可以处理鲜辣椒 450t，按照辣椒的干燥比 5 : 1 计算，每千克干燥品按增加 10 元计算；每吨鲜辣椒减少损失按 10% 计算，每千克鲜辣椒的价格按 1 元计算；每年即可增加收入 94. 5 万元。

4.1.3 投资规模（表4）

表4 太阳能农产品干燥技术与设备造价（辅助热源为电加热）

型号	处理量（t）	集热面积（m^2）	单价（万元）
GTG-1	1	≤35	9
GTG-2	2	≤70	16
GTG-5	5	≤140	38

以上价格均不含运输费，如需采用热泵为辅助加热方式则根据不同功率热泵需增加造价3万~5万元。流动资产投资约需10万元，主要用来购买加工原材料。

该设备不需要专门建设厂房，该装备的安装场地应大于装备的占地面积，场地用素土夯实、60mm厚C15混凝土垫层、水泥浆一道（内掺建筑胶）、20mm厚1∶2.5水泥砂浆，按坡度1%找平；集热器安装方向为当地中午时太阳方向，集热器安装倾角为当地的纬度值，且集热系统前5m范围内没有障碍物遮挡阳光。工厂供电箱功率要大于装备的总功率。

4.1.4 市场前景及经济效益

该技术与设备已经在宁夏大地生态有限公司、新疆兵团124团、唐山丰瑞水产食品有限公司、云南岚福源生态资源投资有限公司、中宁县中利枸杞专业合作社等企业和合作社进行推广，示范效果良好。

经济效益分析：①提质增益太阳能干燥技术装备有利于农产品营养价值保存，密闭干燥避免了露天摊晒中灰尘、蝇虫等污染，保证了产品质量稳步提升。干燥1t鲜枸杞，优质产品级别可以提高50%以上，每千克枸杞价格可增加1倍（每千克提高30~100元），增收13 000元左右。②节约成本改造后的太阳能干燥技术装备可实现自动工作模式，在无人值守情况下自动工作，并根据太阳能辐射强度，自动调节温度、湿度和干燥时间。预计干燥1t鲜枸杞，与传统干燥方式相比，可以减少用工1.5个，节约人工费约200元；节约燃料电费约350元；可减少原料损失约15%，约1 050元，每吨节约成本共计1 600元，大大降低了产品成本。③节能减排太阳能

干燥技术装备以太阳能为主要能源，辅助少量电能，可以有效降低能耗、减少排放，与燃煤干燥普遍节能 240%，减排 100%。预计干燥 1t 鲜枸杞，可节约标准煤约 340kg，减少排放 SO_2 约 4kg、CO_2 约 5 100kg、烟尘约 5kg、灰渣约 88kg。

4.1.5 联系方式

联系单位：农业部规划设计研究院

通信地址：北京市朝阳区麦子店街 41 号

联系电话：010－65949322

电子信箱：Wanghai948@ 126. com

4.2 果蔬贮藏环境监控系统

4.2.1 技术简介

该系统主要通过对农产品贮藏环境关键因子的实时监测，通过数据自动采集传输和智能分析，控制通风系统和湿热调控系统自动启停，实现贮藏环境精准化控制、预警信息报送、大数据采集分析、移动管理等功能。该系统能够依据各类农产品的不同贮藏特性预设最佳环境参数，实施采集温度、湿度和 CO_2 等成分数据；系统数据中心基于大数据分析理念、云处理技术，实时调节贮藏环境。贮藏环境监测和控制调节无须人工干预，支持本地和远程控制，可自动和手动控制互相切换。开发了手机 APP 软件，实现移动管理。数据实现聚合分析，后台数据中心实现全覆盖。

4.2.2 主要技术指标

该系统通过 GPRS 网络支持 1 ~32 767 台果蔬贮藏环境监控服务器同时连接数据中心进行监控，其工作温度为 －30 ~80℃，工作湿度为 5% ~95%

RH，工作电压为24VDC/2Ah，配置7.0英寸（1英寸≈2.54cm）触摸彩屏，显示贮藏环境参数，典型功耗为1 000mA。外围设备，二氧化碳传感器采用红外原理，测量范围0～2 000×10^{-6}，分辨率为1×10^{-6}，典型功耗为105mA；温湿度传感器测量范围为－40～80℃、0～100% RH，精度为±0.3℃、±2% RH，典型功耗为1mA；称重传感器称重范围为1.00～800.00kg，典型功耗200mA，工作温度湿度环境适宜果蔬贮藏环境。

4.2.3　投资规模

该系统总造价为5 500元/套。其中，包括GPRS天线、称重传感器、二氧化碳传感器、温湿度传感器等外围设备，4芯信号线0.75mm^2、3芯电源线2.5mm^2和SIM卡等通信组成。

该系统适用于地上式、半地上式和地下式贮藏窖和通风库。配置220V民用电源，可外接GPRS天线、称重传感器、CO_2传感器、温湿度传感器等检测设备，预留乙烯、氧气、臭氧等接口，外接风机和湿帘，实现贮藏环境温湿度的自动控制。

4.2.4　市场前景及经济效益

在我国马铃薯、甘薯、柑橘、苹果等适宜通风贮藏的大宗农产品产地进行大面积的技术设施推广，将产地贮藏损失平均降低20%；同时，利用数据平台进行相关产地贮藏信息采集，实现示范点全部互联网接入，探索全国大宗农产品贮藏信息大数据分析。

4.2.5　联系方式

联系单位：农业部规划设计研究院

通信地址：北京市朝阳区麦子店街41号

联系电话：010－65923855

电子信箱：wxz3910@163.com

4.3 盐渍菜及水果半成品坯料的低盐贮藏与清洁加工技术

4.3.1 技术简介

主要有以下特点。

（1）降低了用盐量，减少了高盐卤水对环境的污染。

（2）简化了渍菜及水果半成品咸坯二次加工脱盐脱水等工艺过程，不仅节能、节水、节时、节人，也使综合生产成本降低。

（3）大幅提升了营养风味。在免除脱盐、脱水过程、减少污染、降低成本、提高效率的同时，最大限度地保留半成品原料的营养和风味，使产品的附加值进一步提高。

4.3.2 主要技术指标

（1）建立影响低盐盐渍菜及水果半成品坯料安全贮存关键因素间的动态模型资料1套。

（2）提出可用于生产实际的渍菜坯料低盐长效保存与清洁加工全套工艺和技术体系。

（3）坯料安全贮存6~9个月条件下，坯料实际含盐≤10%，高盐卤水排放较传统方式降低1/3以上。

（4）建立蔬菜低盐腌制坯料长效保存与清洁加工相匹配的工艺和技术标准。

4.3.3 投资规模

厂房≥500m^2，腌制池、干燥脱水机、压榨脱水机、封口机、杀菌机、封罐机、输送机等。

4.3.4 市场前景及经济效益

（1）改善或减轻产业对环境及生态造成的负面影响，使产业向环境友好型方向发展。

（2）在简化操作工艺、降低生产成本、提升产品质量以及提高从业人员素质等方面同样具有非同寻常的现实意义。

4.3.5 联系方式

联系单位：浙江省农业科学院食品科学研究所

通信地址：浙江省杭州市石桥路198号

联系电话：0571－86400457

电子信箱：Sgh1954@ sohu. com

4.4 大型节能果蔬链板式干燥技术及系列设备

4.4.1 技术简介

该机采用冲孔链板代替旧式网带，具有承载能力大、不变形、穿流风均匀和易清洁等特点。该机根据物料干燥特性，采用分段干燥原理，由3～4工作干燥段组成。每个段根据产品要求又分为2～4各干燥区间，每个干燥区间的气流可单独循环，可独立控制温度和传动速度，并可根据温度、湿度进行定时定量排湿，满足产品要求，不同干燥段物料厚度逐步增大，干燥机出料端设有物料冷却段，便于后期包装。该系列干燥机具有高效节能、穿流加热均匀、分段变温干燥、余热回收的特点。

4.4.2 主要技术指标

目前已形成了处理量50～120t/d的系列产品，该设备与传统干燥设备相比，具有节约人工50%左右，节约能源5%以上，加工1t成品费用降低8%以上。

4.4.3 投资规模

以100t/d蒜片加工设备计，设备造价约为720万元。

设备需要厂房占地面积630m^2，除设备主体外配套设备包含除湿系统、变配电、压缩气站、锅炉等。配套设施包含原料处理间、包装车间、检测车间、除湿车间、原料库及成品库等。

4.4.4 市场前景及经济效益

大型节能果蔬链板式干燥技术及系列化设备已经被数十家生产企业采用，该技术在提高了果蔬生产能力，保证了产品品质的同时，还降低了生产成本，实地研究后发现企业每生产1 000t果蔬产品，可新增效益高达约24万元。

4.4.5 联系方式

联系单位：中国包装和食品机械总公司

通信地址：北京市朝阳区德胜门外北沙滩1号

联系电话：010－64883376

电子信箱：cpfmcgcl@163.com

4.5 蓄能高湿果蔬保鲜设施与装备

4.5.1 技术简介

该技术提供“从田间到餐桌”的一整套冷链物流解决方案。包括食品原料的种植和采购、加工、流通和配送，直至零售和消费的全过程，为各环节、各接口提供特定的冷藏技术支撑，确保食品的质量安全问题。独有的高湿差压预冷装置及热回收系统降低能耗，还可以为农户减损增收，解决因丰产滞销不能及时保鲜而损坏腐烂的问题。蓄能高湿果蔬保鲜设施与装备运行的稳定可靠、易操作、易推广，保湿保鲜效果良好。满足农村合作组织和果农、菜农的使用需求。通过推广应用，可实现果农增收增效和农业可持续发展。

4.5.2 主要技术指标

比相同保鲜及制冷设备装机容量小 10%，总体节能蓄能可达 15%，保鲜期延长，投资回报率高，建设周期短。

4.5.3 投资规模

小型以 500m^3 蓄能式高湿果蔬保鲜装置和设施为例，设施和装备造价约为 60 万元。

中型以 2 000～5 000m^3 为例，造价为 200 万～500 万元。

500m^3，建筑面积 150m^2；2 000m^3，建筑面积 600m^2；5 000m^3，建筑面积 1 500m^2，要求水电齐全，包含发货站台。

4.5.4 市场前景及经济效益

蓄能高湿果蔬保鲜设施与装备已经被数十家生产企业应用于冷链系统，该技术以产地和贸易地区为选择点，实现装置运行的稳定性和可靠性，易操作、易推广，保湿保鲜效果良好。保障了果蔬品质，延长其储存期，减少产后损失，解决季节性供应问题，降低果品储存期内的干耗，达到良好的保鲜效果。

4.5.5 联系方式

联系单位：中国包装和食品机械总公司

通信地址：北京市朝阳区德胜门外北沙滩 1 号

联系电话：010－64882508

电子信箱：cpfmcsc@163. com

4.6 可移动 NFC 鲜果蔬原汁加工技术与设备

4.6.1 技术简介

该技术与设备打破了鲜果蔬原汁加工业“固定原料基地加固定工厂”

的传统观念，采用了“固定原料基地加可移动原汁加工厂”的新观念，解决了鲜果蔬在产地不能就近加工、运输途中易破损变质、损耗大的难题，故最大限度的保持了原果蔬的营养成分和色泽，真正实现了 NFC 鲜榨果蔬汁在产地加工的要求。

4.6.2 主要技术指标

每套设备加工鲜果 3 000t/年。

4.6.3 投资规模

该产品每套生产成本约 80 万元。

该设备在非工作状态下可就地移动或长途运输。集清洗、输送、榨汁、过滤、杀菌和无菌灌装于一体，需要变配电等配套设施，在果蔬基地就近加工。占地约为 200m^2。

4.6.4 市场前景及经济效益

国内已推广 13 套，产值达亿元以上；出口两套，已创汇 40 万美元。已应用企业取得了良好的经济效益。

4.6.5 联系方式

联系单位：杨凌红桑果食品技术有限公司

通信地址：陕西省西安市龙首北路东段 12 号 3 号楼东 302 室

联系电话：029 - 86248395

电子信箱：yanglhsg@ sina. com

4.7 1-MCP（1-甲基环丙烯）保鲜果品蔬菜

4.7.1 技术简介

1-MCP（1-甲基环丙烯），是一种新型乙烯抑制剂，能够与果蔬的乙烯

受体结合，阻断受体与乙烯的结合，使得乙烯生理效应无法完成，从而延迟果蔬成熟过程，很好地保持果蔬的硬度、营养成分，达到保鲜的效果。而且1-MCP无毒、无残留、无难闻气味、稳定性好、使用体积分数极低，包括我国在内的多个国家已批准使用，且处理的果蔬产品无须进行残留检验。

4.7.2 主要技术指标

1-MCP在常温常压下为气体，市售1-MCP保鲜剂将其包埋在固体中，便于运输和使用，使用时与果蔬同时密封，释放出1-MCP气体，密闭熏蒸12~24h即可。密闭环境可由塑料大帐、组装式冷库、大型冷库或气调库提供，处理量不受限制。

4.7.3 投资规模

1-MCP使用浓度以体积分数计算，一般果蔬适用体积分数为0.5~1μl/L，使用成本5~12元/m^3果蔬。

需要的设施为塑料大帐、组装式冷库、大型冷库或气调库。

4.7.4 市场前景及经济效益

1-MCP处理果品蔬菜后可明显提高保鲜效果，延长贮运保鲜期，起到提质增效和减损增效作用，每吨果蔬可提高经济收入500~1 000元。

4.7.5 联系方式

联系单位：甘肃省农业科学院农产品贮藏加工研究所

通信地址：甘肃省兰州市安宁区农科院新村1号

联系电话：0931-7612282

电子信箱：Kang58503@163.com

4.8 GHRH 型系列果蔬腊味热泵干燥机

4.8.1 技术简介

干燥能耗和成本低：制热效率高达600%，干燥能耗比蒸汽热风干燥方式低65%以上。产品质量高：密闭式控温控湿干燥方式，不受外界天气影响，加工的产品质量好、稳定。预设加工工艺，一键式启动/停止，操作简单。热泵只使用电能驱动，无须煤、炭、柴油，对环境没有直接排放，环保卫生。

4.8.2 主要技术指标

以 GHRH-170S 型果蔬热泵干燥机加工西洋菜（小白菜）干为例：

原始水分95%，产品水分10%。

批处理量为1 000kg，出产品55kg，干燥时间约13h。

产品干燥能耗比：5kW · h/kg。

装机功率：37kW。

设备外形尺寸（长×宽×高）：6.4m×4m×3.3m。

4.8.3 投资规模

GHRH-170S 型果蔬热泵干燥机造价25.8万元。

GHRH-75S 型果蔬热泵干燥机造价15.8万元。

以 GHRH-170S 型果蔬热泵干燥机为例：

需要场地（长×宽×高）：7.4m×5.5m×3.8m。

三相380V、37kW 电源。

4.8.4 市场前景及经济效益

项目技术装备在100多家企业推广应用，加工产品涉及肉类、水产、

稻谷、果蔬及中草药等农产品 40 多种。

近 3 年，项目完成单位推广设备 288 套，累计新增产值 6 300 多万元，新增利税近 1 300 万元。

4.8.5 联系方式

联系单位：广东省现代农业装备研究所

通信地址：广东省广州市天河区五山路 261 号

联 系 人：刘清化

联系电话：020－38481399

电子信箱：lqh@ gddrying. com

4.9 新型果蔬变温压差（非油炸）膨化干燥技术

4.9.1 技术简介

新型果蔬变温压差（非油炸）膨化干燥又称爆炸膨化干燥（explosion puffing drying）、气流膨化干燥或微膨化干燥等，属于一种新型、环保、节能的非油炸膨化干燥技术。其基本原理是：将经过预处理并除去部分水分的果蔬原料，放在变温压差膨化罐中升温加压，保温一段时间后瞬间泄压，物料内部水分瞬间汽化蒸发，物料瞬间膨胀，并在真空状态下脱水干燥，进而生产出体积膨胀、口感酥脆的天然果蔬膨化干燥食品。产品特点：绿色天然、色泽鲜艳、品质优良、营养丰富、食用方便、易于贮存。

4.9.2 主要技术指标

果蔬变温压差膨化干燥产品得率（为 10～20）：1，而膨化产品与鲜样的市场销售价格比为 50～70：1，扣除生产成本，每吨新鲜果蔬加工增值平均达到 1～2 倍，利润相当可观。该技术的投资利润率为 50%～100%，收回投资期限为 1～3 年。

果蔬变温压差膨化干燥基本工艺：果蔬预干燥后含水率为15%～35%，膨化温度为80～135℃，膨化压力差为0.1～0.5 MPa，真空干燥温度为60～125℃，真空干燥时间为0.5～4.5h。果蔬膨化干燥产品的含水率≤7%，经过密封包装和良好的贮藏条件，保质期达到1年以上。在新型果蔬膨化产品工艺研发和膨化机理研究方面达到国际先进水平。

4.9.3 投资规模

小型项目（年产100t）的设备投资为200万～300万元，流动资金为100万～200万元，收回投资期限为1～2年，年利润在300万元以上。

标准厂房（符合食品加工要求）、低温贮藏库。果蔬变温压差膨化生产设备、预干燥设备、去皮设备、去核设备、切分设备、前处理设备、包装设备等，还有附属设施如锅炉、循环水冷却系统、真空泵水循环系统、污水处理系统等。

4.9.4 市场前景及经济效益

截至目前，研究所已经与国内外7家企业签署了合作协议，建立了年产100万～130万t果蔬变温压差膨化干燥生产线4条，与10余家企业达成了合作意向，正在进行项目可行性论证。研究所与企业签署了研发项目合同经费达到500余万元，到位经费达到200余万元。通过与企业开展技术合作，达产年可为企业创造产值1亿多元，新增就业岗位300～500人，间接带动果蔬种植业人员3 000～5 000人增收，产生较大的经济、社会和生态效益。

4.9.5 联系方式

联系单位：中国农业科学院农产品加工研究所

通信地址：北京市海淀区圆明园西路2号

联系电话：010－62816473

电子信箱：zhanbinbj@126.com

4.10 新型超微果蔬营养全粉生产技术

4.10.1 技术简介

采用新型果蔬变温压差（非油炸）膨化干燥或冷冻干燥技术对果蔬原料进行脱水干燥处理，干燥后的果蔬原料含水量≤7%，并且具有疏松整齐的微孔结构。干燥后原料经快速剪切初步粉碎和气流离心超微粉碎加工后，形成超微果蔬营养全粉产品。该技术生产的超微果蔬营养全粉具有良好的流动性、抗结性和分散性，并且极大限度地保持了果蔬原料的营养品质。同时，对原料外观品质的要求不高，也解决了高糖含量的水果原料在传统干燥、制粉过程中品质过硬、易粘连、分散性差等问题。

4.10.2 主要技术指标

果蔬因原料含水量不同，变温压差膨化干燥或冷冻干燥后产品得率为(10~20)∶1，且超微粉碎产品损失率较低，成品与鲜样的市场销售价格比为(60~80)∶1，扣除生产成本，每吨新鲜果蔬加工增值平均达到2~3倍，利润相当可观。该技术的投资利润率为30%~50%，收回投资期限为1~3年。

4.10.3 投资规模

厂房设备固定投资1 500万元。

建设厂房2 000 m^2，主要设备包括原料清洗机、切片机、变温压差膨化干燥设备、超微粉碎机、包装机等。配套设施包括纯水设备、锅炉房、无菌包装车间等。

4.10.4 市场前景及经济效益

随着人们对食品从数量向质量需求的转变，市面上的加工食品也因消费群体不同而呈现出不断细分的局面，并且婴幼儿、中老年人等特殊人群

对食品的要求也越来越高。新型超细果蔬营养全粉作为婴幼儿辅食和中老年膳食营养补充食品的重要加工原料，在食品加工行业具有广阔的市场前景。新型超细果蔬营养全粉极大限度保持了果蔬原料中的营养成分，如维生素、矿物质和膳食纤维等，且超细微的粉状形态利于与其他食品原料进行复配加工，对提高果蔬营养物质的消化、吸收与生物利用率具有极其重要的作用。对于生活节奏不断加快的都市生活居民来说，新型超细果蔬全粉也是一种很好的食品形式。该果蔬营养全粉可广泛应用于婴幼儿辅食、中老年营养补充品、快速调配早餐食品、调味料、糕点、冰淇淋等休闲食品的加工基料。

4.10.5 联系方式

联系单位：中国农业科学院农产品加工研究所

通信地址：北京市海淀区圆明园西路 2 号

联系电话：010－62816473

电子信箱：zhanbinbj@ 126. com

4.11 可移动鲜果蔬原汁加工设备成套生产线

4.11.1 技术简介

NFC 可移动鲜果蔬原汁加工成套设备是一个有自主知识产权的发明专利产品，由杨凌红桑果食品技术有限公司高级工程师孙学义研制成功，它解决了鲜果蔬特别是浆果类（草莓、树莓、蓝莓、桑葚、樱桃、葡萄等）水果不宜长途运输、不耐贮存、在产地就近不能现场加工的难题，是真正的 NFC 鲜榨果汁小工厂。该设备获得了国家发明专利（专利号：ZL02114403. 6）、通过了陕西省科学技术成果鉴定（证书编号：9612006Y0081）和陕西省农业机械推广鉴定（证书编号：陕 2006051）；该成果不仅对我国果蔬原汁的加工技术

和设备有很大的创新，也是国内外领先技术，并有很好的社会效益和生态效益，其特点如下。

（1）自成体系功能全整机包括清洗、输送、榨汁、均质、过滤、灭酶、巴氏灭菌、高温瞬时灭菌、无菌灌装、电子计量、电控装置、锅炉等。每小时处理原果菜 1～1.5t。

（2）结构紧凑可移动根据可移动的特点，整体结构采用了低地隙组合背挂结构。非工作状态，由六块分底盘及所属装置构成，分底盘有行走装置，用手动叉车便可装在汽车上长途运输，移动十分方便。

（3）产地加工成本低由于在产地收购和加工成鲜果蔬原汁，品质好、出汁率高，加之省去中转、贮存、长途运输的费用和中转时的破损霉变损失，大大降低了生产成本。

（4）良性循环产业链由于在产地加工成果蔬原汁，果渣发酵可做饲料，洗果水无酸无碱可浇灌农田，有利于果汁加工厂的文明生产和良性循环。

（5）产品不加防腐剂由于在产地收购和加工，保证了原料的新鲜性，最大地保留了原果的营养成分和色香味；加之产品不加任何防腐剂，属绿色产品，可出口创汇。

（6）一机多用效益好该生产线配置不同的前处理设备，便可加工不同的果蔬原汁：4 月加工樱桃、5 月加工草莓和桑葚、6 月加工鲜桃、7 月加工枸杞、8 月加工葡萄、9 月加工五味子、10 月加工石榴、11 月至翌年 3 月可以加工贮存的其他果蔬。

该产品每小时处理原果蔬 1～1.5t；出汁率 >80%（桑葚）；高温受度时间 24s；故障显示—报警；出料口温度可调；产品不加防腐剂；功率 28kW；电压 380V；用水 0.3t/h；每班 6 人。

4.11.2 主要技术指标

每小时处理鲜果蔬 1～1.5t。其加工设备工艺技术指标（表 5）。

表 5　可移动鲜果蔬原汁加工设备工艺技术指标

项目	内容	指标
提升机	输送量	1～2t/h
多功能 NFC 制汁机组	螺旋压滤机	1～1.5t/h
	酶化时间	40～45min
	一道得汁率	≥50%
	二道得汁率	≥25%
	原汁特点	原果特有的色香味
酶化罐	酶化时间	0.5～1h
中间罐	中间罐容积	0.25 m^3
新式复合杀菌器	巴氏杀菌时间	30～15s
	UHT 灭菌时间	15～30s
双联冷却器	一级冷却时间	15～5s
	二级冷却时间	15～5s
无菌低温灌装系统	无菌灌装头	全电子电动
	计量方式	电子自动秤量
	产品储藏	常温
热源方式	供热量	15 万大卡（63 万 kJ）
	供热量	15 万大卡（63 万 kJ）
微电脑自动控制柜	控温浮动范围	±2℃
	液位浮动范围	±10mm
	额定电容量	28kVA　50Hz
生产线	接地电阻	≤0.1Ω
	环境温度	0～45℃
生产线试验	原汁	按本企业标准执行
外型尺寸	工作状态	10×4.22×8（m）

4.11.3　投资规模

该设备价格 78 万元，是国外同等设备造价的 1/3 价格。用于生产鲜榨果汁产品的流动资金 200 万元以内。

该设备生产鲜榨果汁产品不需要太大的厂房和配套设施，60～80m^2的洁净食品生产厂房，通水通电即可生产（自来水和 380V、28kW 电源）。

4.11.4　市场前景及经济效益

2002 年 5 月，可移动鲜果蔬原汁加工设备样机试制成功后，在陕西省

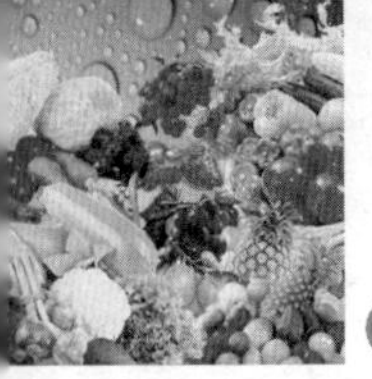

安康山区恒口镇进行桑葚原汁的试生产，受到了陕西省蚕桑管理站的大力支持和帮助，共加工桑果 200 多 t，农民增加收入 30 多万元，农民高兴的说：可移动工厂来了，农民乐了。所加工的红桑果原汁经陕西省产品质量监督检验所检验完全合格，检验报告 NO2002562W。同年 10 月，该设备通过了陕西省产品质量监督检验站的检验，检验报告 NO JX2002391W。2003 年试销北京市大兴区 1 台，2004 年试销成都制药厂和台湾省商人各 1 台，2006 年浙江省安吉、山东省海阳各试销一套桑果汁生产线；2007 年出口一套石榴汁生产线；2008—2009 年试销青海省、黑龙江省沙棘生产线各一条，2009 年至今销售河北省唐山黑猫王农民专业合作社苹果、梨、山楂、鲜桃组合榨汁生产线，外蒙-Uvs huns XK 公司沙棘生产线，四川省汶川龙腾果蔬开发有限责任公司红树莓榨汁成套生产线，广西壮族自治区平果县惠民蚕业科技有限公司桑果成套生产线，这些设备先后在北京市、四川省、江苏省、陕西省、山西省、青海省、黑龙江省等地共收购桑葚 2 000 多 t、沙棘 400 多 t，增加农民收入 400 多万元，安排就业 400 余人；所加工的桑葚原汁和经过浓缩的桑葚浓缩清汁已出口到韩国、日本、美国、瑞士、丹麦等国，出口创汇 24 万美元。同时大大促进了蚕桑业的发展。3 年来，上述地区新发展果桑面积 0.27 万 hm^2（4 万多亩），特别是北京风沙区、秦岭南坡的汉阴县、安康市新栽果桑 0.13 万 hm^2（2 万多亩），对自然资源、防止水土流失和生态环境起积极的保护作用。该专利产品信息发布后，四川大学签订了专利产品科技转化合同，西北农林科技大学食品科学与工程学院、山东淄博理工大学轻工学院、中国农业科学院蚕桑研究所均拟将该设备作为教学、科研设备使用；由于该设备配置不同的前处理设备就能适应所有新鲜果菜加工，2003 年 10 月，中央电视台对此进行了专题报道，业界反应强烈。特别是 2011 年河北省唐山黑猫王工贸公司引进了杨凌红桑果食品技术有限公司苹果、梨、山楂、鲜桃组合榨汁生产线后，公司营业额连年翻番，从引进前的年 1 000 万元，到现在的年 6 000 万元。2012 年 9 月，我国自主研发的首条 NFC 柑橘自动剥皮榨汁成套生产线由国家农产品加工技术装备研发分中心研究成功，并杨凌红桑果食品技术有限公司制造下线，这

条 NFC 柑橘自动剥皮榨汁成套生产线已在我国柑橘生产区湖北省枝江市宏昌农业开发有限公司国家优质柑橘生产基地投入使用。不仅解决了当地农民柑橘卖难的问题，还将促进我国柑橘原汁和柑橘产业又快又好地发展。

该项目技术的推广和示范，给该设备使用企业及当地农民带来了巨大的经济效益。

4.11.5 联系方式

联系单位：杨凌红桑果食品技术有限公司

通信地址：陕西省西安市未央大道 27 号 8 号楼 803 室

联系电话：029－86248395

电子信箱：yanglhsg@ sina. con

4.12 超高压食品非热加工技术

4.12.1 技术简介

采用超高压食品非热加工技术生产果蔬制品，能够在常温条件下达到杀菌的目的，保持了产品的天然口感、风味及营养，克服了传统高温热杀菌工艺使果肉果胶溶出和降解导致口感发面发渣以及风味损失、果汁果浆发生美拉德反应导致产品褐变以及羟甲基糠醛（HMF）超标等缺点。

4.12.2 主要技术指标

与传统热加工产品相比，项目产品的生产能耗降低 85% 左右，每吨产品可省电 100 度、节水 5t。

4.12.3 投资规模

除果蔬制品生产车间，还需建不小于 600m^2 的超高压设备车间，并购置 2×300 L 超高压杀菌设备。

4.12.4 市场前景及经济效益

建立一条适合果蔬加工的 2×300 L 超高压生产线，其年加工能够达到 8 000t；实现年销售收入约 15 000 万元。

4.12.5 联系方式

联系单位：中国农业大学东校区食品科学与营养工程学院

通信地址：北京市海淀区清华东路 17 号

联系电话：010－62314687

电子信箱：liaoxjun@ hotmail. com

4.13 果蔬膳食纤维加工技术

4.13.1 技术简介

该技术以葡萄酒和番茄酱副产物葡萄皮和番茄皮为主要原料，利用改性技术提高其水溶性膳食纤维含量 1～3 倍，技术达到国内先进水平。

4.13.2 主要技术指标

产能：日处理果蔬皮渣 1t。

主要经济技术指标：总膳食纤维含量大于 75%，可溶性膳食纤维含量大于 15%。

4.13.3 投资规模

日处理果蔬皮渣 1t，固定资产 300 万元左右，年流动资金 80 万元。

需要厂房面积 $500m^2$。设备：皮籽分离机、发酵罐、灭菌锅、超微粉碎机、挤压膨化机。

4.13.4 市场前景及经济效益

已在新疆维吾尔自治区两个企业分别进行了膳食纤维酸奶和膳食纤维方便粥小规模中试试验，累计生产约4t产品，总产值约10万元，利润3万元。

4.13.5 联系方式

联系单位：新疆农垦科学院农产品加工研究所
通信地址：新疆维吾尔自治区石河子市
联系电话：0993－6683664
电子信箱：spwh624@ sina. com

4.14 果蔬脆片安全生产及加工技术

4.14.1 技术简介

研究获得了较理想的果蔬脆片生产加工工艺参数，制定了果蔬脆片系列休闲食品的加工配方，解决了果蔬在生产加工过程中色、香、味易损失的问题。

该项目利用低温（<100℃）和真空条件条件迅速脱除果蔬中所含的水分，通过对果蔬的切片厚度、杀青、冷却、浸渍、保色、冷冻、脱油技术的研究，引进和组装并改进了目前国际先进的第四代真空低温脱水设备对果蔬原料进行精深加工，实现了对10多种果蔬进行深加工（可根据加工对象的具体情况，因地制宜对工艺进行适当调整就可以进行生产）。

4.14.2 主要技术指标

产品口感松脆，不含人工合成添加剂保质期在12个月以上，果蔬脆片含油率比市场同类产品低3~4个百分点，符合国内食品市场准入和出口要求。

4.14.3 投资规模

加工设备、冷库等投资约500万元。

6 000m^2生产车间，200t恒温、低温库；清洗槽、多功能清洗机、漂烫机、低温真空油炸机、金属探测仪、万能切菜机、搅拌器、包装平台、充氮包装机、远红外线干燥设备、喷码设备等。

4.14.4 市场前景及经济效益

示范推广产量100t，销售收入450万元，利税135万元。

4.14.5 联系方式

联系单位：安徽省农业科学院农产品加工研究所

通信地址：安徽省合肥市农科南路40号

联系电话：0551－5160923

电子信箱：youyouhui@163.com

4.15 果蔬饮料生产及加工技术

4.15.1 技术简介

项目研究以获得较理想的果蔬饮料生产加工工艺参数，制定果蔬饮料加工配方为目的，解决了果蔬汁易混浊、沉淀、分层、色泽发生变化等问题。

项目以一种或多种新鲜或冷藏蔬菜（包括可食的根、茎、叶、花、果实、食用菌）等经榨汁，加入食盐或糖等配料，经均质、杀菌等工艺制得蔬菜汁制品。通过对产品配方的调整和生产工艺的改进，实现了对10多种蔬菜进行深加工。

4.15.2 主要技术指标

产品均一稳定，不含人工合成添加剂，保质期在9个月以上，符合国内食品市场准入和出口要求。

4.15.3 投资规模

加工设备、冷库等投资约3 000万元。

6 000m^2生产车间，200t恒温、低温库；清洗机、蒸汽锅炉、破碎机、胶体磨、水处理、调配罐、均质机、过滤机、脱气机、包装平台、灌装机、UHT、喷码设备等。

4.15.4 市场前景及经济效益

示范推广产量10 000t，销售收入6 000万元，利税1 500万元。

4.15.5 联系方式

联系单位：安徽省农业科学院农产品加工研究所

通信地址：安徽省合肥市农科南路40号

联系电话：0551－5160923

电子信箱：youyouhui@163.com